DER GANZ
NORMALE
WAHNSINN!

PERDITA LÜBBE-SCHEUERMANN
FRAUKE BURKHARDT

DER GANZ NORMALE WAHNSINN!

————

Von Hunden und ihren Menschen

MIT KOSMOS MEHR ENTDECKEN

FRECH
Tiefgründig
PROVOKANT

SEIT 1822

KOSMOS

Inhalt

Zu diesem Buch

Wie leben Hunde in unserer Zeit? Auf der Insel der Glückseligen? Nachdem so viel über Hunde geforscht, noch weit mehr über sie geschrieben und immer wieder vorgetragen wird, sollte man ihren Zustand wohl als »glückselig« bezeichnen, weit über dem trockenen »artgemäß/verhaltensgerecht« hinaus angesiedelt. Der Boom begann in den 90er-Jahren des letzten Jahrhunderts und wächst allmählich über sich hinaus. Immer mehr Hundeforschung findet statt, immer mehr Hundetrainer (mit immer differenzierterer Ausbildung) befassen sich mit unseren ältesten Haustieren. Und die Hunde laufen am Stock, psychisch betrachtet?

Perdita Lübbe-Scheuermann und Frauke Burkhardt, die beiden Autorinnen, beide erfolgreiche Hundetrainerinnen, sinnieren über die Beziehung zum Hund heute. Sie stufen ihr Buch als »kurzweilige Lektüre mit massivem Hang zur Wahrheit« ein. Kurz, sie haben Wichtiges mitzuteilen, wollen aufdecken, was in ihnen arbeitet, was sie beschäftigt, wollen zum Nachdenken anregen, sich von etwas befreien. Letztendlich wollen sie viel verändern. Sie wollen zurück zum Menschen mit Hund und »der Grundidee«, wie sie schreiben.

Hundehaltung heute hat viele Gesichter. Als Gründe für das Leben mit einem Hund wird auf wachsende Kälte, Vereinsamung, Egoerweiterung unter anderem verwiesen. Die Beziehung zum Hund aber hinkt nicht selten. Modern werden immer wieder Gebrauchshunde. Dabei geht es mehr um das Habenwollen als um das Brauchenkönnen. Wofür braucht man einen Spezialisten, wenn man konstant »um die Ecke« denken muss, damit er nicht das zeigt, was er kann? Deren »Talente«, also ihre Verhaltensbesonderheiten, auf die sie gezüchtet wurden, sind mehr Nebensache – das Aussehen wird modern, wenn diese Hunde Pech haben ... Und sie haben viel Pech mit ihren Menschen. Wir lesen von Arbeitshunden, die im besten Falle arbeiten und von solchen, die hochtourig »gefördert« werden und, einmal alleine, die Wohnung ruinieren. Die Verhaltensbesonderheiten stören dann, letztendlich wird der Hund daran zerbrechen. »Trainer sind nicht dazu da, den Hund passend zum Menschen zu machen, sondern dem Menschen die Besonderheiten seines Hundes als Chance oder auch als Geschenk aufzuzeigen.« Es gibt viele Beispiele. Hunde werden immer wieder nach dem Exterieur ausgewählt und zerbrechen an der Eintönigkeit des ihnen zugedachten Lebens.

Es geht in diesem Buch um die Vordergründigkeit der Hundehaltung in unserer Zeit. Hunde scheitern an ihr und Hundetrainer mühen sich gleichfalls nicht selten erfolglos.

Die Autorinnen wollen zurück zum Menschen mit Hund und einer sinnstiftenden Kooperation für beide. Ein ganz wichtiges Buch, das den Finger in etliche Wunden der Beziehung Mensch-Hund legt. »Es geht in diesem Buch um den Hund und was unser Zutun mit ihm macht«, so die Autorinnen.

Dr. Dorit Urd Feddersen-Petersen, Ethologin

Ein Rat-Geber –
nicht schon wieder!

Zum Thema »Hund« wurde schon fast alles gesagt, gezeigt und niedergeschrieben. Die Medien sind dem Wahn des »Do it yourself«-Trainings inklusive App ebenfalls verfallen und jetzt kommt noch ein Werk dazu? Tut das wirklich Not?

Die Frage ist für uns nicht, ob die Hundeszene noch ein Buch benötigt, sondern nur, was für ein Buch uns neue Einblicke geben könnte. Aus einem Gefühl heraus, etwas zu schreiben, so in etwa war der erste Impuls, den wir hatten.

Es ist ein Buch zum Thema »Hund«, aber eines, das aus einer anderen Intention geschrieben wurde. Schlendert man durch Buchhandlungen, dann ist ein Wort omnipräsent: »Der Ratgeber«. Es gibt schlaue Tipps zu jedem Thema. Oftmals pauschal, teils sehr leichte Kost und somit schnell und effektiv zu konsumieren. Dennoch helfen diese Ratgeber den fragenden Menschen weiter, ganz zweifelsfrei.

Wir hingegen maßen uns gar nicht erst an, hilfreich zu sein. Es wäre ein netter Nebeneffekt, aber Erwartungen haben wir keine an unseren Irrsinn geknüpft. Raus musste es einfach mal. Es ist für uns ein kleiner Befreiungsschlag zu Themen, die man nicht unbedingt gerne in die Öffentlichkeit zerrt, zu denen man auch lieber mal keine Meinung laut äußern möchte. Was im Grunde als angeregter Dialog zwischen uns begann, hat schlichtweg eine Eigendynamik entwickelt. Nun müssen sie aufs Papier, die Gedanken.

Kurzweilig, mit Mut zur Wahrheit

Wir wissen, dass einige unserer Ausführungen die Extreme in der Hundeszene darstellen, dass wir Dinge auf die Spitze treiben und zum Lachen animieren, wo eigentlich Nachdenken angebracht wäre. Doch bei allem Humor sind wir dennoch keine Märchentanten. Wir bilden uns hier nichts ein und malen uns gegenseitig auch keine bunten Gesichter. Nein, wer lange Jahre als Hundetrainer oder -trainerin unterwegs ist, der erlebt einfach eine Menge. Jetzt ist daraus ein Buch geworden! Und wenn man ein Gefühl zu einem Thema hat und sich mitteilen möchte, dann ist eines Fakt: Man möchte nicht, dass die intensiven Gedanken, die man sich macht, schnell und wie das Lesen der Hochglanzmagazine beim Friseur so nebenbei konsumiert werden. Unser Buch würden wir selbst als kurzweilige Lektüre mit viel Mut zur Wahrheit einstufen. Kein »Wenn ich mal Zeit habe, dann schreib ich auch mal was«-Heftchen. Dieses Buch soll nichts für nebenher sein. Dazu ist das Gedankenkarussell in den letzten Monaten viel zu viel gekreist. Hund und Mensch, eine Kombination, die sehr emotional behaftet ist.

> *Man schreibt ein Buch und erkennt, fast jeder Hundehalter wird sich ein stückweit ertappt fühlen.*

Es geht eben nicht, ohne persönlich zu werden! Auch wenn wir teils unsere eigenen Anekdoten verarbeiten, sind wir doch wie Ihr da draußen – auch nur Menschen mit Hunden.

Es gibt ihn nicht, den einen Weg!

Eines möchten wir klarstellen: Es gibt ihn nicht, den einen Weg, den einen Rat. Warum also noch einen Ratgeber schreiben? Von dem Verständnis des Wortes »Ratgeber« fühlen wir uns nur eingeengt. Denn wir wollen nicht nur Rat geben, sondern mit Euch unsere Erfahrungen teilen. Wir wollen raus aus dieser lehrmeister-haften Schiene, ab unters Volk und daraus entstand die Idee eines »Infrage-Stellen-Buches«. Passives konsumieren war gestern. Mit unserem Fragebuch wollen wir Euch abholen, packen, treffen und bewegen. Viele Impulse zum Thema, was unser menschliches Zutun aus und mit unseren Hunden macht, bündeln sich hier. So stellen wir uns einfach einmal einen großen Ohrensessel vor, in dem wir sitzen und durchs Fenster in die Hundewelt nach draußen schauen:

› Was geht da vor sich?
› Was ist los mit uns und unseren Hunden?
› Was hat sich verändert?
› Warum fühlt es sich teilweise so anstrengend an, einen Hund zu haben und zu erziehen?
› Warum verlassen wir uns nur so wenig auf unser eigenes Bauch-gefühl?

Wir stellen vieles infrage und geben unsere Ansätze zu Euch nach draußen. Hinterfragt Euch, denkt laut mit, fühlt Euch ertappt oder bestärkt, schaut Eure Hunde an und vor allem, hört hin, was sie zu sagen haben.

Wir möchten mit Euch zurückfinden zur Grundidee, einen Hund haben zu wollen. Was ist zwischen dem Liebhaben und Analysieren mit uns und unseren Hunden nur passiert?

Begleitet uns auf eine emotionale Reise. Wir versprechen nicht, dass Ihr nach dem Lesen alles im neuen Glanz seht. Aber der Blick auf den Hund wird sich verändern. So oder so!

Ansprache im Buch

Bei der Ansprache im Text sind immer alle drei Geschlechter gemeint. Wir nutzen jedoch häufig die weibliche und die männliche Form im Wechsel. Dadurch wird das Buch leichter lesbar. Dafür bitten wir um Euer Verständnis.

Der Wunsch nach einem Hund

Wir möchten nicht zu weit zurückgehen, nicht zu dem Zeitpunkt, als der Mensch das Feuer entdeckte und irgendwann den Hund zum Partner wählte. Nein, steigen wir doch da ein, wo wir alle einmal standen, an dem Punkt: »Ich möchte einen Hund!«

Das Bedürfnis, ein Haustier zu haben, scheint konstant zu wachsen. Früher wurden Hunde gehalten, um Haus, Hof usw. zu schützen oder sie waren als Jagdhelfer im Einsatz. Heute hat die Hundehaltung oftmals einen anderen Grund.

Die Schnelllebigkeit unserer Zeit, verbunden mit der wachsenden sozialen Kälte, die Vereinsamung, die gepflegte Egoerweiterung, der Hund als Empathievermittler für den eigenen Nachwuchs. All diese Faktoren sind in der heutigen Zeit unter anderem ausschlaggebend für die Anschaffung eines Hundes.

Haben wollen und brauchen können

Wollen wir Menschen mehr gebraucht werden oder benötigen wir wenigstens DEN einen sicheren Sozialpartner, der nicht einfach so geht, wenn wir mal schräg drauf und unfair sind?

Klobrille zweimal nicht runtergeklappt – Zahnpastatube offengelassen:»Schatz, ich bin Kippen holen«-Notiz am Kühlschrank. So etwas machen unsere Hunde nicht. Würden sie, wenn sie es könnten? Einige bestimmt. Es kommt nur so selten vor, weil wir die Hausschlüssel und die Metrokarte haben! Wir sind uns unserer Hunde – zumindest im häuslichen Umfeld – sehr sicher und haben uneingeschränkt die Kontrolle über ihren Verbleib. Wenigstens eine Komponente des Alltags haben wir so unter unserer Fuchtel.

Das Idyll in Haus Nummer 3

Daheim, hinter Schloss und Riegel, leben die Nostalgie und der Glaube, dass man mit Liebe und Geduld seinen Hund zum Lebenspartner gestreichelt bekommt. Der Hund kann nicht weg, der Mensch träumt seinen Traum – Idylle in der Mansarde von Haus Nummer 3.

Vielen Hundehaltern entgeht, dass die Beziehung irgendwie hinkt. Wir Menschen merken ja zum Glück nicht alles, was so um uns herum passiert. Feinsinnigkeit ist nicht zwingend ein menschliches Herausstellungsmerkmal.

Um zu erkennen, dass dieses Idyll außerhalb der hübschen 2-ZKB-Wohnung schon nicht mehr zu hundert Prozent stimmt, dazu bedarf es nicht viel.

Der Mensch nimmt beschwingt die Hundeleine vom Haken und der Kontrollverlust beginnt. Die Wohnung gesittet verlassen? Fehlanzeige! Der Hund, in fröhlicher Erwartungshaltung, zerrt seinen Halter freudestrahlend aus der Wohnung im dritten Obergeschoss.

Nun sagen wir gerne: Wie es zu Hause beginnt, so geht es draußen heiter weiter!

Der Hund macht sein Ding, der Mensch ist Beifang an der Angel (-Leine). Ein kontrolliertes und auch entspanntes Miteinander sieht anders aus.

Ist Hundehaltung heute eher eine
gesellschaftlich akzeptierte Geiselnahme,
mit pädagogischem Ansatz?

Müssen wir Menschen alles haben, auch wenn wir es gar nicht optimal bedienen können und wollen? Ist der Hund unterm Strich nur ein Konsumgut – ein »must have«? Geht es mehr ums Habenwollen als ums Brauchenkönnen?

Da geht es schon los mit den komischen Fragen. Eventuell sollten wir hier den Blickwinkel auf die Mensch-Hund-Kombi etwas feiner justieren.

Lasst uns zwischen Menschen, die mit Hunden leben, und Menschen, die Hunde haben, differenzieren. Kleinlich, mag man meinen, Wortgeschubse – wo ist denn da der Unterschied?

Wer Hunde liebt und mit ihnen sein Leben teilen möchte, der hakt sich bei seinem Hund auch mal unter. Zu einer Beziehung gehören zwei Seiten, und wenn der eine den anderen bereichert und umgekehrt, dann ist das Leben mit dem Partner hübsch. So auch mit dem Hund. Unterordnung und Kadavergehorsam waren früher, heute sollten wir mehr im Dialog mit unseren Hunden stehen. Miteinander im Team arbeiten, statt den Hund auszubeuten und herrisch durch die Welt zu scheuchen. Grenzen ja, aber mit Weitblick und Nutzen für alle.

Wer einen Hund nur hat, weil er beispielsweise als Kind keine Haustiere haben durfte und zwecks der Aufarbeitung der eigenen

Kindheit für seinen Nachwuchs nun einen anschafft, der sucht sich im Grunde einen vierbeinigen Therapeuten. Wer sich einen Hund ausschließlich ins Haus holt, damit dieses bewacht werden soll, der schafft sich im Prinzip einen Angestellten an. Was macht das mit dem Hund? Kommt er in diesem »Spiel« auch auf seine Kosten?

Spezialisten – gefragter denn je!

Da wir Menschen fast alles haben dürfen, was wir wollen, dem Internet sei Dank, sind uns wenig Grenzen gesetzt. So gibt es nichts, was es nicht gibt, und ungeachtet der schlechten bis gar nicht erfüllten Haltungskriterien für spezielle Hunde, wird angeschafft, was das Herz begehrt. Nun ist es dem Hund sicher erst einmal egal, ob er im Luxusdomizil unterkommt oder in der kleinen, aber feinen Wohnung. Hunde brauchen kein perfektes Innendesign und überleben auch im weniger schönen Ambiente. Aber was, wenn die Erwartungen an den Hund und die tatsächlichen Haltungskriterien so gar nicht zusammenpassen?

Es ist ein Unterschied, ob Schäfer Karl noch einen Hütehund für seine Herde benötigt oder ob ein Hütehund für Ersatzhandlungen angeschafft wird. Nichts anderes bleibt ja übrig, wenn der Hund bei seinem Menschen keinen adäquaten Arbeitsplatz vorfindet, oder?

Dann dürfte aber gar keiner mehr einen Hund haben, der keine Schafe, keine Jagd, keine sonstwas alles vorweisen kann!? Nun ja, hinterfragt es selbst.

> *Für was braucht man einen Spezialisten,*
> *wenn man konstant »um die Ecke« denken*
> *muss, damit er nicht das zeigt, was er kann.*
> *Nur weil wir die Optik lieben, aber das Talent*
> *nicht gebrauchen können?*

Diese Problematik trifft fast jeden Hundehalter. Wer hat schon einen Hund, der noch so geführt wird, wie es einmal vorgesehen war, oder so, wie es sein Charakter erfordert. Bei Rassehunden wissen wir in etwa, was wir uns da so ins Haus holen, bei den Mischlingen darf sich der ein oder andere Hundehalter noch ein Attest für »Hab ich echt nicht erwartet« abholen. Wer jedoch genau hinschaut, der erkennt auch ohne passendes »Kostüm« den Inhalt seines Hundes. Sieht nicht aus wie Herdenschutzhund, benimmt sich aber so – »Willkommen auf der Weide und hier sind Ihre 300 Schafe«. Glückwunsch. Ja, manchmal bekommt man zum Hund noch ein ganz neues Lebenskonzept hinzu, gratis Bonusmaterial sozusagen!

Ein Hund und 300 Schafe

Nehmen wir an diesem Punkt doch ein Beispiel zur Veranschaulichung, das uns das Leben so bietet.

Hunde, die recht offensichtlich für einen Job geboren wurden, erfreuen sich nach wie vor großer Beliebtheit. Man weiß, was man sich anschafft. Und der eine oder andere findet sich auch gerne wieder im Bild, das er abgibt, wenn er von seinem Spezialisten begleitet und von der Umwelt aufgrund seines Hundes wahrgenommen wird. Ja, ja, die Wunschvorstellung vom perfekten Accessoire, welches einen aufwertet und bei den tollen Aktivitäten begleitet, die man dann ausübt. Schön, einfach nur schön.

Lasst uns mal bei Schäfer Karl Aua vorbeischauen. Er steht bei Wind und Wetter auf dem Deich und wenn er kurz mit dem Kopf nickt, dann weiß sein Hund: »Aha, Schaf Nr. 198 läuft aus dem Ruder!« Sein Hütehund ist sein Assistent im Job und tut das, was er kann, weil er es will und eben auch soll. Das nennt man eine Win-Win-Situation. Es fliegen keine Bälle, damit der Hund ausgelastet wird. Es wird nicht getanzt, weil Karl halt nur schunkeln kann, und das auch nur im Sitzen nach zwei bis drei Bierchen. Es gibt das Draußen mit den Schafen und das mit ihm Zusammensein für seinen Hund. Somit gibt es bei Karls Hund auch keine nennenswerten Neurosen und Themen, die er in der Hundeschule analysieren lassen muss – man lebt zusammen, voller Wertschätzung, aber halt auch praktisch und pragmatisch. Sie sind Arbeitskollegen wenn's gut läuft oder auch mal nur Chef und Gehilfe, wenn es etwas holpert in der Beziehung.

Nun hüpfen wir zu Dörthe und ihrem Hang zur Sportlichkeit. Sie mag gerne Hunde, die super schnell sind, sowohl mental als auch körperlich und somit ist der Australian Shepherd der Hund ihrer Wahl. Alles ist so schön und der Aussie wird gefördert und erzogen was das Zeug hält. Er kann alles, das sofort und dazu noch 24 Stunden am Tag. Dörthe wirkt ab und zu etwas ermattet, weil ihr Hund mehr abkann als sie. Aber egal – »Just do it!«, das sagt ihr Shirt und das muss es ja wissen. Nun gehen die Monate ins Land und es wird Winter. Puh, das »Just do it!«-T-Shirt ist mittlerweile verwaschen, Dörthes Ausdauer ebenso. Der Aussie ist tippitoppi austrainiert, kann jedoch zu Hause nicht für fünf Minuten still sein, schreddert beim Alleinbleiben Schuhe, Tapeten und Gardinen, ist aber beim Frisbeefangen echt der Champion. Wenn Dörthe ihren täglichen 10-Kilometer-Marsch samt Shepherd und Entertainmentbollerwagen bei Wind und Wetter absolviert, treffen sie manchmal auf Karl Aua und seine Schafe. Karl hat etwas Mitleid mit dem Hund, weniger mit Dörthe – sie hätte es ja wissen müssen.

Es gibt also Arbeitshunde, die zur Arbeit gehen, und Arbeitshunde, die in einer Fördermaßnahme gefangen sind. Tütenkleben oder Studium, was wohl auf lange Sicht besser ist?

Hundehaltung heute

Nur weil jemand einen Job hat, bei dem er den dazu passenden Hund wirklich benötigt, bedeutet es nicht zwangsläufig, dass es auch für den Hund gut läuft.

Fritz von der goldenen Eiche, seines Zeichens stolzer Stichelhaar und altem Landadel entsprungen, hätte sich nie träumen lassen, dass im Auto durch den Wald fahren und sonst zehn Stunden im Zwinger rumhocken als adäquate Tätigkeit für einen Gebrauchshund eingestuft werden würde. Früher, so Fritz, früher war mehr Jagd und weniger Sprücheklopferei. Wenn er mal aushäusig ist, also ohne dass der Oberförster es mitbekommt, dann trifft er hin und wieder auf den Hund von Schäfer Karl. Und der, der hat ihm schon angeboten als Quereinsteiger mal mit ihm und seinem Menschen mitzugehen. Fritz behält diese Option im Hinterkopf und hat somit zumindest einen Plan B.

Gibt es ein Richtig und ein Falsch bei der Auswahl eines Hundes? Es gäbe zumindest die Möglichkeit, sich ernsthaft zu fragen, ob man der Sache gewachsen ist. Eventuell könnten wir auch einfach mal glauben, was erfahrene Hundehalter zum Thema »Malinoiswelpe und zehn Stunden im Büro« zu sagen haben. Dann müssten wir uns zwar unseren Wunschhund aus dem Kopf schlagen, dafür wäre vielleicht ein anderer Hund die perfekte Wahl. Gewiss! Und sicher auch für den Vierbeiner, für den wir uns nicht entschieden haben, denn ein Leben mit Hund sollte keine Einbahnstraße sein. Es geht ja nicht nur um uns Menschen, sondern auch um den Hund!

Sich einmal frei von Erwartungen zu machen, sich und seine Lebensumstände als das anzunehmen, was sie wirklich sind, um ein Ungleichgewicht in der Mensch-Hund-Beziehung erst gar nicht aufkommen zu lassen – viel verlangt, das ist uns klar. Sind wir selbst besser? Die einen sagen so, die anderen sagen so.

Erwartungen rund um den Hund

Benutzen und erwarten versus Hand in Hand über die Blümchenwiese hüpfen. Die Feinheiten machen den Unterschied. Ja, sicher kleinlich, aber wir finden den Ansatz in Bezug auf den Umgang mit Hunden sehr aussagekräftig. Warum habt Ihr einen Hund? Fragt es Euch einfach einmal. Was war der Trigger für Eure Entscheidung? Welche Vorstellung hattet Ihr von Euch mit Hund? Wurde sie erfüllt? Ihr müsst diese Frage nicht beantworten, aber Reflektieren ist hilfreich.

Gab es große Erwartungen, Wünsche, Hoffnungen? Wolltet Ihr einfach einen Hund, der morgens mit der Socke im Fang am Bett den Wecker spielt?

Nicht selten gleicht die Anschaffung eines Hundes der Erstellung eines Businessplans. Nichts wird dem Zufall überlassen. Wir planen und perfektionieren, dann kommt das Leben dazwischen und malt uns eine rote Nase ins Gesicht. Ätschibätsch!

Natürlich macht es Sinn, über Pro und Contra zu diskutieren, aber wenn wir vor der Geburt von Marie-Luise schon die Ballettausstattung im Schrank hätten, dann wäre es doch auch befremdlich, oder? Was, wenn das Kind dann Hockey und Fußball spielen will und die Träume von Schwanensee am Bolschoi zerplatzen wie eine Wasserbombe?

Früher, so wird es oft rückblickend erzählt, war man froh, überhaupt einen Hund zu haben. Ein Haustier war eine Art Bonus. Heutzutage wollen wir Menschen anscheinend mehr vom Hund. Er soll bestimmte Kriterien erfüllen. Und hierbei geht es selten nur um die Frage: Stehohr oder Schlappohr?

Die Ansprüche an einen Hund sind wesentlich konkreter geworden und können kaum noch erfüllt werden. Das Gefühl für ein Tier hat sich verändert. Es soll allzu oft ein Defizit ausgleichen, eine Leere ausfüllen. Doch ist es nicht eigentlich das: einen Hund zu haben, um seiner selbst willen? Das scheint heute nicht mehr auszureichen.

Auf der Bühne der Öffentlichkeit

Eventuell ist diese neue, fordernde Einstellung zum Haustier auch der boomenden Hundeszene zuzuschreiben. Wir Hundehalter von heute tanzen auf einer mächtigen Bühne der Analyse, der Verhaltenskorrektur, der Ernährungsberatung, der Tierkommunikation usw. Der Rahmen für die kompetente Selbstdarstellung steht. Warum nicht ein hübsches Bild vom perfekten Hund hineinkleben? Früher war da mehr Gefühl, oder täuschen wir uns? Wobei, früher war auch weniger Hundeschule. Also, was ist es dann genau? Nicht ganz leicht, die Feinheiten herauszuarbeiten.

Vielleicht ist es die goldene Mitte, die wir bei unserem Zusammenleben mit Hund verloren haben. »Viel Wissen« kann auch belasten. Wenn man alle Irrungen und Wirrungen kennt, dann bleibt einem eventuell nur das Stillstehen, um sich nicht komplett zu verheddern. Aber Stillstand hat noch nie ein Problem gelöst. Mal etwas falsch machen, ist es wirklich so schlimm? Dennoch sind wir uns sicher, dass uns Hundehaltern ein wenig die Unbefangenheit genommen wurde oder wir uns diese selbst abtrainiert haben.

Die Beurteilung durch außenstehende Menschen, die Hundehaltung nicht nachvollziehen können – all das spielt eine große Rolle.

Es wabert viel Meinung und fundiertes Halbwissen durch Wald und Flur, wenn wir mit unserem Hund unterwegs sind. Unbeobachtet sind wir schon lange nicht mehr und schon gar nicht unkommentiert.

Da gibt es beispielsweise Menschen, die ihr Dasein als Ersthundehalter feiern, als gäbe es kein Morgen. Sie haben die ersten pubertären Auswüchse ihres Hundes überlebt, dem Zehnerkärtchen in der

Hundeschule sei Dank. Nun muss ihr neu erworbenes Wissen direkt weitergegeben werden, gerne auch während des Kurses in der Hundeschule. Man hat ja Ahnung, macht ja schließlich schon seit zwei Monaten im Kurs mit und wenn man Schwächen bei anderen Teilnehmern erkennt, warum den Mund halten?

Es geht durchaus herablassend! Sätze wie »Für Euch reicht das ja!« in Bezug auf einen kleinen Hund, den sich die Bekannten angeschafft haben, sind nicht selten. Der Kleingeist nennt einen Riesenschnauzer sein Eigen, »Nix für mal nur so Gassigehen«, sagt der Hundeführer aus Leidenschaft. So etwas ist nicht nett. Als wären die Menschen minderbemittelt, nur weil der Hund kein Stockmaß von 65 cm aufweist. Mentale Größe ist vielen Menschen wirklich kein Begriff.

Rat, den wirklich keiner braucht

Die Krönung sind allerdings Menschen ohne Hund, die eigentlich Hundetrainer sind, dies aber nur mental zu Hause ausleben. Wenn es dann mit ihnen durchgeht, posaunen sie alles an Ratschlägen hinaus, was in ihrer kleinen Welt Sinn ergibt. Schnell ist ein Opfer mit Hund gefunden, das nicht schnell genug weglaufen konnte und schon sind sie im »Ich sag Ihnen mal, was ich gestern im TV gesehen hab«-Tunnel. Wissen, das sich in der guten Stube angestaut hat, muss raus. Der ganz normale Wahnsinn eines Hundehalters.

Selbsternannte Hundetrainer wohin das Auge schaut. Es verhält sich im Grunde so, wie mit den Fußballtrainern: Klappstuhl raus, olles Beckenbauer-Trikot an, Sprühsahne statt Sprühkreide und schon coacht der Schorsch die Mannschaft wieder zur Weltmeisterschaft. Locker vom Grill aus, da kann Jogi einpacken.

In einer Welt, in der alle etwas über Hunde wissen, kaum einer ohne aufgezwungenes Fachgespräch seitens fremder Passanten durch den Wald spazieren kann, wäre es gut, etwas auszuatmen.

Gerne auch in eine Papiertüte, wenn es zu arg wird mit den ungefragten Ratschlägen. Vieles kann, nicht alles muss!

Woher kommt überhaupt der Drang, fremden Menschen Ratschläge erteilen zu wollen? Gibt es etwa mehr Hundetrainer als wir bislang wissen? Ein Paralleluniversum von Fachleuten – anonym und am Rande der Gesellschaft? Gibt es womöglich nicht nur Jäger und Sammler, sondern auch Besserwisser und wehrlose Zuhörer? Was man sonst nur zum Thema »Kind« hört, spiegelt sich rigoros in der Hundewelt wider. Experten überall. Es rieselt Erziehungstipps, Ernährungsvorschläge, Bemerkungen wie »Na, mit dem werden Sie noch Spaß haben!« oder »Da müssen Sie mal durchgreifen!«. Ungefragt und kostenlos wird der Spaziergang mit Hund von selbsternannten Fachleuten moderiert. Man kann sich kaum noch entziehen und es zeigt uns doch letztendlich auf, wie breit das Thema »Hundeerziehung« in der medialen Welt gestreut hat. Fluch und Segen zugleich, so scheint es.

Menschen ohne Hund erklären uns Hundehaltern die Welt der Hunde an der Käsetheke, ungefragt, dennoch voller Inbrunst.

Dass man zu Kindern etwas beitragen könnte, ist eventuell noch nachvollziehbar. Wir waren alle mal Kind, wissen, was sich wie angefühlt hat. Aber auch hier – Vorsicht! Und zu Hunden etwas zu sagen, ohne jemals einen gehabt zu haben? Schwierig, solche »Rat-Schläge« dann anzunehmen, oder? Wir Menschen können uns manchmal einfach schlecht dosieren.

Dienstleistungsoase Hund

Ein weiterer Gedanke, der uns bei der Anschaffung eines Hundes beschleicht, ist, dass wir gar nicht mehr im Detail überlegen, ob und wie wir einen Hund halten, sondern nur, ob wir die Kosten für das Outsourcing desselbigen tragen können. Die Dienstleistungsoase rund um den Hund könnte schöner nicht sein. Nichts, was es nicht gibt. Für jeden ist etwas dabei. Hereinspaziert ins Wunderland der Hundehaltung!

Es ist grundsätzlich eine positive Entwicklung, dass wir Hundehalter nicht mehr ganz so unbedarft an das Thema »Hund« herangehen, aber manche »Denkwege« sind für unser Dafürhalten etwas zu kurz geworden. Die Grundlagen, um einen Hund halten zu können, haben sich verändert. Vor Jahren dachte man noch: dritter Stock und Neufundländer in der Innenstadt – puh, das könnte knifflig werden. Heute ist die Herangehensweise viel simpler. Zumindest für uns Menschen. »Ich arbeite acht Stunden, bin zehn Stunden außer Haus und der Hundesitter bekommt Betrag X für seine 40 Stunden Hundebetreuung. Kann ich mir das leisten?«

Ob der Herdenschutzhund dann in der Mansarde über der Pizzeria Downtown Wuppertal Sinn macht – sekundär. Früher ein Ausschlusskriterium, heute nur noch eine kleine mentale Hürde zum Leben mit Hund.

Ein geplantes Leben in der HuTa

Was mal eine Notlösung war, ist heute ein Markt, der überfüllter nicht sein könnte. Hundebetreuung ist salonfähig und mittlerweile ein »must have«. Man könnte ganz überspitzt sagen: Erst wird die HuTa gebucht, dann der Hund angeschafft. Das mag verantwortungsbewusst erscheinen, hat aber auch einen Beigeschmack, oder?

Hat man die Logistik rund um den geplanten Hund durchstrukturiert, dann ist es wirklich fast schon egal, ob der Weimaraner eine gute Wahl für das Leben in der City ist.

Das Förderprogramm steht, die Bespaßung von Montag bis Freitag in der HuTa ist vertraglich abgesichert – lasst die Spiele beginnen. Die lieben Kolleg*innen in der HuTa wuppen das schon. Erziehung gegen Aufpreis möglich! Alles nicht mehr das Problem des Halters.

Es sind dann nur zwei Tage in der Woche, an denen der Besitzer den Spezialisten ohne Aufgabe ganztags alleine handhaben muss. Sehr böse formuliert – ja, aber jetzt schauen wir uns einmal um und stellen fest: Jeder kennt den einen, der es genauso macht.

Es geht uns weniger um das Werten von diesem oder jenem, vielmehr ist unser Ansatz das Überprüfen, ob die Verhältnismäßigkeit noch stimmt. Das ist nötig, denn die Dienstleistungen überschlagen sich, und nur, weil man alles kaufen kann, ist es noch lange nicht sinnvoll.

Lässt es sich ohne Playstation leben? Na klar! Macht Playstation Spaß? Viele behaupten das. Muss deshalb jeder eine haben? Nein! Darum geht es.

Willkommen in der modernen Welt

Irrwitzige Begriffe wie »Dogsharing« oder »Startup-Hund« zeigen uns sehr deutlich, wie kreativ und geschäftstüchtig wir Menschen meinen zu sein. Dogsharing ist wie Patchwork, nur eben unsinnig. Es wird sich ein Hund geteilt, weil man nicht genug Zeit hat, oder selber keinen Hund halten mag, jedoch immer mal eine Leine durch die Gegend tragen möchte. Also gibt es zwei Menschen, die abwechselnd den Hund benutzen. Scheidungskind-Effekt, ohne vorherige Hochzeit sozusagen.

Als Startup-Hund hingegen wird ein gutes Einsteigermodell für den Ersthundehalter von heute beschrieben. Lieb, nett, tut nix, pflegeleicht und benutzerfreundlich, platt gesprochen. »Welcher Hund passt zu mir?« Darüber müssen wir künftig vielleicht gar nicht mehr nachdenken. Würde man dem ein oder anderen Verrückten Raum für sein Geschäftsmodell einräumen, dann könnte man sich durch jeden Hundetyp mal durchprobieren. Ganz unverbindlich, einfach zum Schauen, ob der Leonberger zum schicken Zwirn passt oder ob statt eines großen Hundes eventuell zwei kleine besser sind. »60-kg-Hund bitte«. »Geschnitten oder am Stück?« Das kommt uns bekannt vor, nur woher?

Die Sache mit dem Geschäft

Ideen wie »Ich leihe mir einen Hund für die Mittagspause aus einer HuTa« und die Vorstellung, dass ein solches Geschäftsmodell ernsthaft in Erwägung gezogen wird ... Irrsinn pur. Wer würde denn seinen Hund von irgendwem mal zum Testen Gassi führen lassen?

Der Mensch möchte sich am Hund erfreuen, temporär, weil es heute passt. Grund genug, daraus eine blöde Geschäftsidee kreieren zu wollen. Ob wir das ernst meinen? Ja, leider. Es gibt diese Menschen mit solchen mentalen Auswürfen, die hektisch durchkalkulieren, ob es am Monatsende denn auch eine schwarze Zahl ergibt. Vielleicht klug auf dem Papier, aber absolut unbrauchbar, wenn das zu vermarktende Produkt atmet und ein Eigenleben mitbringt. Solche Ideen werden an uns herangetragen und euphorisch in den Raum geworfen. Jeder möchte heute seinen kleinen Euro ohne Aufwand verdienen. »Was mit Hund machen«, nur gar nicht wissen, was dieses WAS sein soll – keine Grundlage für Erfolg!

Rückt das wirtschaftliche Interesse in den Vordergrund, dann muss sich der Hund mit seinen Bedürfnissen hinten anstellen. Darum lasst uns über all diese Entwicklungen nachdenken, auch wenn es unbequem ist. Wir sind alle Hundehalter, wir wissen doch, dass es da draußen genug Wahnsinn gibt. Also reden wir mal darüber.

Damit wir hier nicht zu negativ erscheinen, werfen wir gerne noch einmal ein, dass Hunde wirklich gute Lebensbegleiter sind. Wir verstehen nur zu gut, dass man sich mit ihnen umgeben möchte, auch oder gerade weil die persönlichen Lebensumstände eher ungünstig sind. Jeder muss für sich entscheiden, welche Kompromisse er eingehen mag. Wir bitten darum, ehrlich darüber nachzudenken, ob der Hund und seine Bedürfnisse genügend in den Vordergrund gestellt werden.

> *Wir befassen uns hier mit der Kernfrage*
> *»Was macht es mit dem Hund?«*
> *und nicht mit der Thematik »Wie reden*
> *wir alles schön?«*

Alternativ zum »Rent a Dog«-Konzept sind viele Tierheime dankbar für engagierte Gassigeher. So tut man Gutes, lernt etwas über Hunde und weiß, wie es sich anfühlt, bei Wind und Wetter seine Runden zu drehen. Vielleicht ist es dann auch noch genau der Hund, den man wochenlang geduldig durch die Landschaft führt, der das eigene Herz erwärmt, und schon kann das »Ich wünsche mir einen Hund« erfüllt werden. Es gibt Möglichkeiten, mit Tieren Zeit zu verbringen, ohne im Dauerkompromiss zu leben. Man muss sich einfach darauf einlassen und auch kleine Schritte als Vorwärtsbewegung wahrnehmen.

Wer unbedingt eine ganz bestimmte Rasse sein Eigen nennen möchte, dem ist natürlich nicht mit dem Ausführen von irgendeinem Hund in irgendeinem »Gewand« beizukommen. Aber eventuell möchte sich der Rasseliebhaber vorab mit einem soliden Züchter zusammenfinden, der ihm dann hoffentlich nicht nur vorschwärmt, wie unübertroffen diese eine Rasse doch ist, sondern Butter bei die Fische packt. Der die Pokale und Zeugnisse im Schrank lässt und aufklärt, wie das Leben mit diesem oder jenem »Exemplar« im Alltag ohne Wald- und Feldrevier und Lottogewinn aussieht.

Alles haben zu wollen, setzt heutzutage nicht mehr voraus, sich zuverlässig darum zu kümmern. Kein Schloss, jedoch Personal! Die Hundehaltung wertet uns Menschen zügig auf, möchte man meinen. Da kommt es gar nicht selten vor, dass der Mensch die Hundeerziehung als Zusatzleistung einer HuTa in Betracht zieht. Und das kann gerne etwas kosten, kommt man dadurch doch zu seinem Traumhund. Schön soll er es haben und der Hundehalter selbst möchte ja auch sein Teil vom Glück. Warum dann den Buhmann geben und den Hund in der sowieso schon knappen gemeinsamen Zeit noch durch Erziehung nötigen?

Zu Hause wird die verlorene Zeit dann emotional aufgearbeitet. Man will ja nett sein zu seinem Wunschhund und keine unnötigen Konflikte schüren. Der Mensch ist froh, wenn es harmonisch bleibt. Es regiert oftmals das schlechte Gewissen, denn die qualitativ hochwertige Zeit mit dem Hund ist knapp. Verwöhnaroma deluxe, Prinzenstatus und Prinzessinnenkostüme überall. Wiedergutmachung statt Struktur.

Zum Wochenstart geht es dann wieder von vorne los. Neues Spiel, neues Glück. Der Hund wird bei der Abgabe in der HuTa noch einmal emotional gebadet, ihm sozusagen Liebe auf Reserve mitgegeben. »Vergiss ja nicht, wie lieb die Mutti dich hat!«, säuselt es und verschwindet für zehn Stunden.

Der Partyprinz ist nun wieder einer von vielen und muss Krone und Zepter an seinen Garderobenhaken hängen. Er hat den Haken mit dem Froschkönig, wie passend. Nun wackelt er cheffig durchs Gehege der HuTa, gockelt sich sein Revier zusammen und trifft auf andere Hampelköpfe, Prinzen, Prinzessinnen und Blumenkinder, die auch glauben, sie wären etwas Besseres. Wie müßig, den Prinzen wieder auf das Normalmaß eines Bürgerlichen zu schrumpfen und Ruhe zu vermitteln, wo doch das ganze Wochenende Wiedergutmachungs-Halligalli zu Hause abgespult wurde. Nicht schön für den Hund, nicht schön für die Mitarbeiter. Keiner möchte der Buhmann sein, aber wenn Herrchen oder Frauchen auf der Kleewiese der Anti-Erzieher lieber einen Reigen tanzen, dann muss das Fachpersonal ran an den Speck. Ist das fair? Macht Euch Euer eigenes Bild.

Um direkt unsere lieben Kollegen*innen im Dienst rund um den Hund in Schutz zu nehmen: Wir sind nicht gegen HuTas oder Gassigeher, es geht um das gesunde Maß, das der Hundehalter vorgibt, nicht der Dienstleister. Dennoch muss man nicht jeden Job annehmen oder alles anbieten, nur weil die Nachfragen immer verrückter werden. Jeder sollte wissen, dass der Mensch den Hund macht. Wenn also die HuTa den Hund erzieht, wird er bei Frauchen noch lange nicht in der richtigen Spur laufen!

Hochbegabt trifft auf Analphabet

Nicht allzu gerne möchten wir wahrhaben, dass unser Umgang mit dem Hund bestimmte Verhaltensweisen seinerseits hervorruft. Ob wir diese nun mögen oder ganz furchtbar finden, vieles davon ist eine Reaktion auf das, was wir mit ihm veranstalten. Zum Beispiel der Hund, der seinen Menschen permanent anklafft, weil dieser die Hand in der Kekstasche hat. Na, schon mal gesehen? Der Hund rüsselt an seinem Menschen herum, jammert, spult alle Tricks ab, die er so draufhat und irgendeiner gefällt dem Halter. Vergessen ist, dass der Hund ursprünglich einmal »genervt« hat, weil er jetzt und sofort etwas aus der Jackentasche will. »Ach, schau mal, jetzt hält er den Kopf so schön schief. Also, dafür bekommt er aber was!« Schon ist der Grundstein für den Futterterroristen gelegt. Dass man dieses Verhalten dann

im Café nicht gebrauchen kann, also die süße Kopfschiefhaltung schon, aber das Kläffszenario nicht – dumm gelaufen. »Warum macht er das nur? Das hat er nicht von mir gelernt, dieses Kläffen … ganz schlimm!« Na, wer hat's trainiert? Richtig, der Mensch!

Was also ist der Gewinn einer Erziehung »außer Haus«? Der Fachmann sieht, dass er es kann, der Besitzer sieht, dass sein Hund es ebenfalls draufhat und dann was? Man sollte immer darüber nachdenken, was für ein Ungleichgewicht es schafft, wenn der Hund Montag bis Freitag strebert und am Wochenende merkt, dass seine Menschen »Luschen« sind. Das tut nicht gut und kann mehr Probleme verursachen, als man annehmen mag. Wie aber ist der Spagat zwischen Schadensbegrenzung in der Betreuung und Maßlosigkeit im eigenen Heim zu schaffen?

> *Jeder muss seine Grenzen erkennen und –*
> *auch wenn es den Profi in den Fingern juckt –*
> *wir sollten die Hunde anderer nicht schlauer*
> *machen, als ihre Menschen es bewerkstelligen*
> *können!*

Hochbegabte treffen auf Analphabeten. Das kann schwierig werden. Mit »schlau« meinen wir »hundeschlau«. Denn nicht jeder Halter kann gut HUND. Die Ansprüche eines Hundetrainers dürfen unserer Meinung nach nie die des Besitzers übertreffen. Wir sind alle unterschiedlich und wir müssen nicht alles gutheißen. Aber ein gewisses Maß an Toleranz sollte bei uns Fachleuten schon möglich sein. Denn es muss immer um den Hund gehen, um das Zusammenleben mit seinem Menschen und nicht um die Wunschvorstellung des Trainers. Wird es für den Hund unschön, dann gibt es eine Grenze, wo wir Dienstleister in der Pflicht sind, die Reißleine zu ziehen. Denn wir können Dinge steuern. Schließlich haben wir uns einen Job mit

Verantwortung rund ums Tier gesucht, oder? Und der Mensch am anderen Ende der Leine gehört dazu. Nun sind wir selbst im Dienstleistungszirkus aktiv und wissen, dass die Vorstellung des Kunden nicht immer mit unserem Konzept konform geht. Man sollte daher für sich entscheiden, ob man der richtige Ansprechpartner für jeden Kunden sein möchte. Der Geschäftsführer bestimmt, wie er sein Geschäft führt, und wenn sich kein gemeinsamer Nenner finden lässt, dann ist es halt so. Niemand muss deshalb mit einem schlechten Gefühl zurückbleiben. Wir lassen uns doch alle ungern etwas aufdrängen oder vorschreiben – dann findet man eben nicht zusammen und die Tür für die nächste, eventuell sogar bessere Option geht auf. Die goldene Mitte macht's!

Warum ein Hund?

Wir haben viele Gründe, einen Hund zu halten, jeder mag uns wichtig und ausgesprochen richtig erscheinen. Wir haben gelernt, dass Verantwortung temporär an gute Dienstleister abgegeben werden kann. HuTas, Pensionen, Hundewellness-Oasen, Gassigängern, ... sei Dank. Sie unterstützen uns Hundehalter mit Wissen und Service. Dennoch bleibt am Tagesende das vielleicht nur kleine, trotzdem existente schlechte Gewissen. Hätten wir doch lieber selbst Quality-Time mit unserem Vierbeiner verbracht, oder nicht?

Nehmen unsere Emotionen zum Tier im Verhältnis zu der wachsenden Serviceleistung für die Hunde ab? Sind wir weniger emotional, weil wir unser schnelles, vollgepacktes Leben im Eiltempo durchverwalten müssen und wir schlichtweg keine Zeit haben, um gefühlsduselig zu werden? Haben wir uns daran gewöhnt, dass »unsere Hunde abgeben« dazu gehört? Die ganz einfache, aber auch gemeine Frage ist doch: »Ich habe keine Zeit für ein Haustier, warum schaffe ich es mir dann an?« Sich eine HuTa leisten zu können ist kein Grund, also, welches Argument bleibt stehen? Wir sprechen nicht über Lebensumstände, die sich verändert haben und einer zeitweiligen Notlösung bedürfen. Besondere Situationen erfordern besondere Maßnahmen. Es geht um die bewusste Anschaffung eines Hundes, die ausschließlich auf Grundlage der finanziellen Möglichkeiten getroffen wird. Seine Hunde wegen einer geplanten Urlaubsreise in eine solide Pension zu geben, sollte niemanden in die »böse Hundehalter-Ecke« manövrieren. Aber ein Übermaß an Abwesenheit des Halters darf durchaus kritisch beäugt werden. Vielleicht macht es auch den feinen Unterschied, wie die gemeinsame Zeit mit dem Hund zwischen solchen Abwesenheiten verbracht wird. Vier Fernreisen im Jahr und ansonsten von Montag bis Freitag ganztags in der Betreuung, ist sicherlich anders zu bewerten, als sich die Welt ohne Hund anzuschauen, jedoch zwischen den Reisen intensiv mit ihm zu leben. Wir wissen es nicht. Hier muss sich jeder selbst fragen, wo seine Schmerzgrenze liegt, und erkennen, ab wann es für seinen Hund schlecht läuft.

Zwei, drei, vier – Problem gelöst!

Wir haben aufgehört, unseren Lebensrhythmus haustierfreundlich zu gestalten, halten aber im Vergleich zu früher teilweise zwei bis vier Hunde in einem Haushalt. »Dann haben die Hunde wenigstens noch sich«, wird oft argumentiert. Sicher nicht ganz falsch gedacht. Bedeutet dies dann ganz plump gefragt, dass wir Menschen uns damit begnügen, keine tragende Rolle mehr im Leben unseres Hundes zu spielen? »Sorry, ich hab keine Zeit, aber ich kaufe Dir einen neuen Freund! Hab Spaß, aber nerv mich nicht!« Mehrhundehaltung ist eine schöne Sache, entbindet den Halter allerdings nicht von Führung und Verantwortung. Was, wenn die Hunde beschließen, dass sie durch sind mit ihrer Freundschaft, ausgeturnt haben? Was nun? Der Fakt, dass für die beiden Hunde nach wie vor keine Zeit vorhanden ist, bleibt. Kommt dann Nummer 3? Puh, das Rad wird irgendwann eiern, und dann fliegt uns der komplette Hundehaushalt um die Ohren.

Mehrhundehaltung mutiert schnell zum Feriencamp ohne Ranger. Jeder, wie er will, mit wem er will, nur eines ist allen klar: Der Mensch soll nicht rumnerven! Hunde klüngeln allzu gerne zusammen, loten aus, wer welche Funktion in der Gruppe einnehmen kann. Sie wissen um die Schwächen ihres Menschen und kaum haben sie herausgefunden, dass der eigene Zweibeiner ein »Tut Nix« ist, geht die große Party erst richtig los. Ja, viele Hunde bedeuten oftmals auch eine Menge Dynamik. Wer glaubt, er hätte mit vier Hunden eine illustre Hampelgruppe mit Selbstentertainment-Faktor, der sollte sich ganz schnell aus dem Traumland, in dem er sich befindet, abholen lassen. Zweifelsohne kann alles super laufen und man hat ohne große Mühe diverse Hunde, die sich mögen und noch dazu ihren Menschen beachten. Aber sind wir doch mal realistisch: Wer kennt nicht jemanden, der gedacht hat, er holt sich einen Hund dazu, damit die Hüpfer sich selbst bespaßen können. Spart das Gassigehen, die Hundeschule – herrlich!

Es gibt Fälle, in denen so lange der »Zusatz-Hund« ausgetauscht wird, bis dann irgendwann das erhoffte »Spieli-Spieli« im Garten stattfindet. Und was macht das mit dem Hund? Nach dem Motto: »Komm rein und wenn Du nicht sofort lustig wirst, dann holen wir halt Deinen Tierheimkollegen. Vielleicht ist der ja witziger!« Alles schon erlebt, leider keine Seltenheit. Was wird damit bezweckt? Wir sollten doch immer erst einmal unsere Rolle im Mensch-Hund-Team definieren, bevor wir uns in Alternativen zur eigenen Inkompetenz verzetteln. Möchte heute denn niemand mehr an sich arbeiten? Man trainiert mit dem Hund, mit dem Pferd und erzieht seinen Koi, aber wer bitte ist denn noch reflektiert genug, um mal zu sagen: »Ich glaube, ich hab ein Rad nicht ganz fest am Wagen des Irrsinns!«

Wir hatten schon angesprochen, dass Hundemenschen womöglich gerne mehr gebraucht werden wollen, nicht mehr so gerne nur in Mensch-Mensch-Beziehungen leben möchten und der Hund uns dazu eine soziale Alternative bietet. Ob es so ist, wir lassen es mal so stehen.

Wie viel Hund ist genug?

Wer sammelt, dem fehlt was …

Reichen zwei, die miteinander spielen? Sind es fünf, weil es ab Hund Nummer 3 keinen großen Unterschied mehr gibt, da man sich selbst bescheinigt, dass man es gut handhaben kann? Lebt der hundeaffine Mensch plump sein Helfersyndrom aus, weil er den, den und auch den ja nicht im Heim oder auf der Straße lassen kann?

Fakt ist, Mehrhundehaltung ist nicht umsonst. Neben den steigenden Kosten für den Unterhalt, die sich schnell aufsummieren, kommen noch die »banalen« Alltagssituationen hinzu. »Ich kann ja nirgendwo mehr Gassi gehen, überall nur Verrückte!« Fünf Hunde sind noch irgendwie zu händeln, aber Spaziergänge, ohne dabei die Umwelt zu verfluchen, schaffen wir nicht mehr. Doch Umwelt findet immer statt, ob wir nun den Streichelzoo ausführen müssen oder nicht. Natürlich birgt ein Spaziergang mit diversen eigenen Hunden viel Potenzial für Reibereien mit anderen Hundehaltern. Doch warum sollte sich die Umwelt dafür interessieren, dass wir zwei Hunde aus der Tötung in Spanien am »Renn nicht weg«-Panikgeschirr führen und die Hunde Nummer 3 bis 5 einen Maulkorb tragen? Zweifellos wird es für uns anstrengend, die Situation für unsere unterschiedlichen Hunde in einer holprigen Hundebegegnung gut zu lösen. Und es wäre nur fair und richtig, wenn andere Hundehalter ihre Hunde zu sich nehmen würden. Die Realität sieht leider anders aus. Und so verbringen wir mehr Zeit damit, nach einem freien Waldparkplatz ohne Publikum zu suchen, als mit dem eigentlichen Gassi-gehen. Schuld daran sind die anderen, die es nicht ermöglichen, dass wir mit zig Hunden durch die überfüllte Welt schlendern, ohne jemanden zu treffen. Bei aller Hundeliebe sollten wir uns schon die Frage stellen: »Was macht es mit dem einzelnen Hund?« Ist es realistisch, jedem Individuum einer größeren Gruppe gleicher-maßen gerecht zu werden, oder ist es am Ende nur ein Dasein im Dauerkompromiss? Füttern, streicheln und mit dem Auto eine ab-gelegene Wiese finden, auf der dann alle einmal herumhüpfen können – ist es das, was wir uns für unsere Hunde vorstellen? Besser als im Heim, besser als bei Leuten, die es nicht händeln können …!« Nicht verzichten können, auch wenn man tief in seinem Innersten weiß, dass zwei Hände nicht zehn Leinen halten können, ist das fair?

Es gibt Hundehalter, die bewundernd staunen, wenn sie auf an-dere Hundehalter treffen, die problemlos mit vielen Hunden durch die Gegend schlendern. Es gibt aber auch Menschen, die befürchten, dass heute der Tag ist, an dem es einmal nicht klappt und sie Opfer der wilden Horde werden. Was dann? »Das haben sie ja noch nie gemacht!« Nun gut, einmal reicht ja auch. Wie verantwortungs-bewusst sind wir, wenn wir immer mehr Hunde durch eine immer voller werdende Welt manövrieren? Was macht es mit dem Hund, wenn er als eigene Persönlichkeit nicht mehr wahrgenommen wird? Wenn er nur Mitläufer ist, ohne eigenes Herausstellungsmerkmal? Die Talentschmiede hat geschlossen, mitlaufen und keine Wellen verbreiten ist angesagt. Ist das erstrebenswert?

Also, bitte nicht immer neu dazu und aus mehr mach viel. Wenn wir uns darauf beschränken, das gut zu machen, was wir haben, dann sind wir doch ausgelastet. Das Umfeld für den Hund geben wir vor. Wenn wir einen Denkfehler haben, dann ist es an uns, diesen zu korrigieren. Einmal die Escape-Taste drücken und neu über Los! Wir können das doch!

Wissensvermittlung heute

Die Wertigkeit eines Haustiers hat sich verändert. Ob das gut oder schlecht ist – wir lassen es offen. Oftmals ist es ein »mehr Wollen« und »weniger Geben«. Wir Menschen werden zunehmend konsumlastig und das schließt auch den Hund mit ein.

Nun hat der Mensch, aus welchen Gründen auch immer, einen Hund. Er ist so stolz und so glücklich und will die Welt teilhaben lassen, denn man hat ja den tollsten, klügsten und schönsten Hund auf der ganzen Welt. Natürlich, wie sollte es auch anders sein und nur so ist es richtig. Wer von seinem Hund nicht glaubt, dass er etwas ganz Besonderes ist, etwas Einzigartiges, der braucht ganz dringend die rosarote Hundehalterbrille.

Jeder Hund ist doch für seinen Menschen
wertvoll. Niemand sonst muss ihn mögen
oder besitzen wollen – das alles ist unwichtig.
Bedingungslose Zuneigung ist ein guter Start
ins Hundehalterdasein. Das muss an dieser
Stelle ganz deutlich gesagt werden.

Schwierig wird es erst, wenn der Hundehalter Euphorie gesteuert über den eigenen Hund erwartet, dass die Welt über diesen genauso glücklich ist, wie er selbst. Die eigene Wahrnehmung und die nackte Realität gehen nicht immer konform, aber was soll's – es ist und bleibt der schönste, tollste Hund für den Besitzer. Die rosarote Hundehalterbrille gibt es jetzt übrigens noch in dezent bleu, für den Herrn! Zurück zum Inhalt:

Moderne Hundeschulen

Die Welt wird immer kleiner, es ist voll geworden und somit wächst das Konfliktpotenzial. Wir müssen achtsam sein, sollten sehr vorausschauend handeln, wenn wir uns mit unserem Hund durch die Umwelt bewegen. Leichter gesagt als getan.

Ja, die wackelige Komponente Hund bringt Schwung in die Bude. Wenn der Hund vom Bauern Huber früher mal zwei Tage unterwegs war, wurde das nicht thematisiert. Wenn der Herkules zum zehnten Mal das Revier leer gejagt hatte und er dann aus dem Bestand befördert wurde – war's halt so. Heute nicht mehr vorstellbar. Heute schaut die Welt genauer hin und das ist gut so. Verantwortung tragen für das, was man sich anschafft, sollte doch eigentlich eine Selbstverständlichkeit sein!? Vielleicht finden sich die Unterschiede zum Thema »Verantwortung tragen« ja in der guten alten Erziehung?

Das Leben ist kein Ponyhof

Wenn beispielsweise die kleine Pferdeprinzessin nicht mehr nur Black Beauty mit dem Schaukelpferd spielen wollte und im Glitzerfeenkostüm den Eltern erklärt hat, sie sei jetzt reif für ein richtiges Pferd. Na, wie war dann die Reaktion der Eltern?

Die einen sind direkt los zum Ponymarkt, um der zukünftigen Olympionikin die Frühförderung und die Stärkung ihrer Entscheidungsfreudigkeit nicht zu verwehren. Die anderen haben einfach NEIN zum Pony gesagt.

So bekam die eine Pferdeprinzessin ihren Herzenswunsch direkt und ohne Gegenleistung erfüllt. Sie durfte ohne große Widrigkeiten ihr Hobby ausleben. Zumindest, so lange es schön und sauber zuging im Stall. Mutti und Vati haben gerne applaudiert, wenn das Kind hoch zu Ross durch die Halle geschaukelt wurde. Doch als das Pony vom Im-Kreis-Laufen genug hatte und bockig wurde, war Reiten überhaupt nicht mehr prickelnd. Es wurde anstrengend, das Pony wollte zudem noch eine Gegenleistung in Form von korrektem Umgang und Zuneigung, und sich auch mal auf der Koppel wälzen und dann super dreckig zur Reitstunde antraben. So war das nicht geplant, also musste das Pony weg. Die Prinzessin hat jetzt einen Papageien, der ist bunt und plappert alles nach, leider auch die Schimpfworte der Haushälterin. Fraglich, wie lange der Ara noch im Rennen bleibt.

Die andere Prinzessin ist bis heute zwar noch ohne eigenes Pony, hat aber eine super Reitbeteiligung ergattert und so haben alle etwas von der Liebe zum Pferd. Verantwortung wird geteilt, man kann in Ruhe schauen, ob man der Sache langfristig gewachsen ist und lernt täglich etwas dazu. Bis dahin gibt es Reitstunden vom Taschengeld, das stockt Madame noch fleißig durch Einkaufen für Oma und Zeitungsaustragen auf. Das ist es ihr wert. Jeder Cent geht fürs Reitenlernen drauf und so wächst der Traum vom eigenen Pferd. Und auch das Verständnis, dass man nicht immer gleich alles haben kann und muss. Anfangs war sie schon etwas enttäuscht, aber im Grunde hatten ihre Eltern recht, und Kompromisse finden ist nicht die schlechteste Lösung. Ganz nebenbei lernt man auch noch Frust zu ertragen – eine wichtige Erfahrung für das (Zusammen-)Leben.

Es gibt auch die Ponyelfen, die sofort ihr eigenes Pferdchen bekommen und dann alles richtig machen. Wenn die Möglichkeit besteht und die Einstellung stimmt – alles gut. Die Wertschätzung wird eben ganz unterschiedlich weitergegeben. Der eine ist emphatischer als der andere. Der eine gibt lieber als zu nehmen, so sind wir Menschen! Gut nur, wenn man den einen Menschen hat, der einem hilft zu erkennen, wenn man sich vergaloppiert – mit Pony oder ohne!

Zurück in die Welt der Hunde. Wer weiß schon, wer als Kind alles ein »Ponytrauma« durchleben musste? Könnte aber einiges erklären.

Hundehaltung ist genauso wie schmutzige Ponys striegeln: irgendwie gar nicht so blumig und romantisch, wie man sich das im Fachbuch schönlesen kann. Egal, wie gut das Leben mit Hund durchgetaktet ist, es kommt irgendwann die eine Situation – und sei es der eine Nachbar, dem Waldi einmal zu oft das mit Nadelstreifen verhüllte Beinkleid angeschleimt hat. Und kaum, dass man sich versieht, wird es holprig mit dem Hund. Waldi ist ein schleimfabrizierender Albtraum, wenngleich auch der schönste Hund der Welt. Hier kommt er nun, der Einstieg in die Welt der Erziehung. Ja, ja, wir müssen ran an den Speck und somit selbstkritisch vorwärts zum Thema »Hundeschule«. Was genau tragen Trainer, Berater, Verhaltenstherapeuten, Coaches – und wie man sie heutzutage noch chic benennen mag – dazu bei, um Mensch und Hund zu unterstützen? Dröseln wir einmal auf, was uns da so einfällt oder vielmehr auffällt.

Vom Verein zur Hundeschule

Da wir oftmals nicht über die Menge Freizeit verfügen, die uns und unserem Hund ausreichend Raum für gemeinsame Aktivitäten gibt, ist Quality-Time ein Muss. Die Antwort auf die Frage: »Und, in welcher Hundeschule bist Du?«, ist mindestens genauso wichtig wie »Mallorca oder Madeira?«

Bevor wir nun tiefer in die unzähligen Anekdoten rund um unsere humanen Erziehungsversuche eintauchen, sollten wir uns zuerst einmal auf die Rolle von Hundeschulen konzentrieren.

Sind Hundetrainer Mitverursacher von handlungsunfähigen Haltern, oder eher die Lösungsfinder für verpasste Chancen?

Früher, als das Wort Hundeschule noch »exotisch« klang und Hundeerziehung im Verein nebenan stattfand, waren wir Hundetrainer froh über jeden Menschen, der mehr von seinem Hund wollte: nicht nur Hundeplatz-Gehorsam und Schema F, sondern einen detaillierten Einblick ins Hundeverhalten. Aussagen wie »Lernen fürs Leben« gehörten höchstens in die Menschenschule, aber sicher nicht auf den Hundeplatz. Prüfungsordnungen wurden stoisch abgearbeitet, die Frage nach dem Sinn wurde nicht gestellt. Chaos im Alltag, aber Zeugnisse im »Sitz, Platz, Fuß« an der Wand, so war es wohl. Heute gibt es diese Fraktion Prüfungsjunkie zwar immer noch, doch der Trend zum Rundum-Sorglos-Hund hat sich durchgesetzt. Sehr erfreulich für die Hunde und auch sicher nicht zum Nachteil der unbehundeten Restgesellschaft.

Heute sind viele Vereine besser aufgestellt als manch eine Hundeschule. Wie die Zeiten sich verändern. Der Vorteil, dass die freiwilligen ambitionierten Mitglieder gerne ohne wirtschaftlichen Nutzen Unterricht geben, ist einfach nicht von der Hand zu weisen. Ein passendes Gelände von der Gemeinde für einen gemeinnützigen Verein zu erhalten, ist sicher auch etwas unkomplizierter, als für einen Gewerbetreibenden einen Standort mit Auflagen zu errichten. So können wir Hundehalter heute froh sein, dass es so viele, auch wirklich gute Angebote gibt. Für jedes Portemonnaie scheint etwas dabei zu sein. Wer hätte das vor Jahren ahnen können.

Als Trainer der ersten Stunde beginnen wir langsam mental zur Seite zu rutschen. Runter vom Rasen, rauf auf die Tribüne, mal neutral schauen, was die Hundeschulbewegung in den letzten 25 Jahren so ausgelöst hat. Es war eine Menge Umdenken rund um das Thema »Hundeerziehung« am Start, das ist sicher. Dann lassen wir mal den Blick schweifen.

Die Menschen haben ein Maß an Sensibilität für ihre Hunde bekommen, bei dem es anfängt, schwierig zu werden. Bauchgefühl ist Retro, Wissen und Methode Trend. Und ja, wir Hundetrainer haben einen großen Anteil an dieser »Überfürsorglichkeit«. Wir haben wachgerüttelt, auf Themen hingewiesen, die früher nicht einmal bekannt waren und das war auch wichtig. Tierschutz, Euthanasie und Kastration sind nur einige Punkte, die heute durchaus anders betrachtet werden als noch vor zehn Jahren. Wo wären wir, hätte man nicht begonnen, um die Ecke zu denken? Und ja, es gibt noch immer viel zu tun, aber die Fahrtrichtung hat sich leicht verändert.

Optimierung ist alles

Was hat all unser Zutun eigentlich mit dem Hund gemacht? Wie hat sich das Verhältnis zu unseren Hunden durch »mehr Wissen« verändert? Ist es besser oder schlechter geworden, jetzt wo die Medien voll sind mit »Ich sag Dir, wie Dein Hund sein soll«-Formaten?

Als kleine Randnotiz möchten wir hier noch anmerken, dass man seinen Hund auch glücklich und zufrieden durchs Leben führen kann, ohne das Zutun einer Hundeschule. Du brauchst also kein schlechtes Gewissen zu haben, wenn Dich jemand fragt: »Und in welche Hundeschule gehst Du?« Und Du mit »in keine« antwortest. Man ist kein Mensch zweiter Wahl, wenn man es alleine angeht, seinen Vierbeiner zu erziehen und es am Ende sogar schafft – auch wenn andere einem manchmal etwas anderes suggerieren wollen. Es gibt

Hunde, die es dem Menschen einfach machen, es gibt Menschen, die es den Hunden einfach machen, alles ist möglich. Der dauerhafte und ambitionierte Besuch einer Hundeschule ist kein Garant für ein erfülltes Miteinander. Eine Hundeschule ist lediglich eine Anlaufstelle, um sich Impulse zu holen. Lernen, umsetzen, ausführen – das müssen wir Hundehalter am Ende selbst.

Für Ratsuchende ist der Besuch einer Hundeschule, die fundierte Hilfestellung leisten kann, sicher eine große Erleichterung. Was wir dann an Rat annehmen möchten, wie wir uns und das Zusammenleben mit unserem Hund langfristig sehen, das darf und muss jeder für sich entscheiden.

Wir Hundehalter haben uns anscheinend der Optimierung der Mensch-Hund-Beziehung verschrieben. Das Miteinander mit unserem vierbeinigen Mitbewohner ist auf der To-do-Liste sozusagen auf Prio 1 gerutscht und nun versuchen wir, es bestmöglich hinzubekommen.

Interessanterweise scheint es dafür in der Mensch-Mensch-Begegnung proportional bergab zu gehen. Hauptsache, der Hund ist artgerecht unter. Dass der Lebenspartner ausgezogen ist – Schwund gibt's ja immer. Aber der Sammy, der läuft jetzt »Fuß« wie eine Eins!

Die Metamorphose zum Hundetrainer

Wenn Wissen der breiten Masse zugänglich gemacht wird, dann verändert das etwas in der Gesellschaft. Im besten Falle werden alle klug und finden ihre Nische, in der sie brillieren können. Im anderen Fall, so scheint es zumindest, werden alle Hundetrainer. Vorkenntnisse nicht erforderlich. Ideal für Quereinsteiger oder Aussteiger oder für alle diejenigen, die vielleicht mal einen Stoffhund hatten oder in der Grundschule einen Hund aus Knete gebastelt haben – reicht zum Mitreden.

Es gibt sicher viele Branchen, in denen man sich auf einer Party wegducken möchte, damit man der Frage »Und? Was machst Du so beruflich?« entgehen kann. Man ist zwar der einzige gewerbliche Hundetrainer, hat aber binnen einer Sekunde direkt 20 neue Kollegen um sich herum. Die Metamorphose zum Hundetrainer verläuft schmerzfrei, zumindest für den Betroffenen selbst, weniger für das Gegenüber mit § 11-Zertifizierung.

Worauf wollen wir hinaus?

Auf die Tatsache, dass wir Menschen extrem interessiert daran sind, wie wir es für unsere Hunde in unserer Menschenwelt gut machen können, aber gegenüber unseren Mitmenschen gerne mal ins Fettnäpfchen treten. Wir sind rüpelhaft und wer dem anderen heute noch die Tür aufhält, ist wahrscheinlich nur aus Versehen beim Verlassen des Raums mit dem Ärmel an der Türklinke hängengeblieben. Hauptsache, dem Hund geht es gut. Jeder sagt jedem, dass er es besser weiß, mit Hund und ohne Hund an der Leine – Profis und Wolfsforscher wohin das Auge reicht.

Die Begeisterung für die Welt der Hunde bringt in der Tat viele dazu, den Beruf »Hundetrainer« als ihre Berufung zu finden. Das ist gut und wir sagen es immer wieder gerne: Wer es nur für einen Hund besser werden lässt, der hat etwas Gutes bewirkt.

Was wir allerdings auch oft sehen ist, dass Menschen im Grunde nichts mit Menschen zu tun haben wollen, dennoch meinen, als Hundetrainer durchstarten zu können. Sie lieben Hunde, wissen, wie sie mit dem Hund etwas erarbeiten, haben jedoch kein Gefühl für das menschliche Gegenüber. Der Hund kommt doch mit seinem Menschen zum Training. Wie soll's laufen, das Erstgespräch? »Sorry, ich rede nur mit Ihrem Hund, Menschen nerven mich. Deswegen habe ich auch den Job bei der Bank geschmissen!«

Wir Trainer müssen weder den Menschen noch den Hund adoptieren. Unsere Aufgabe ist es zu verstehen, was das jeweilige Team an Hilfestellung benötigt und dann unser Wissen teilen.

Es gibt aber auch die großen Menschenfreunde unter den Hundetrainern. Man sucht Hundetraining und endet oftmals in der Therapie. Über den Vierbeiner gelangen viele zu der Erkenntnis, dass der Hund 1:1 seinen Menschen spiegelt. Also, warum nicht direkt das Oberstübchen des Halters mit auslüften, wenn er schon mal mit dem Leinenpöbler zum Unterricht kommt? Eine sehr hochwertige Entwicklung. Geht es doch nicht nur um die Symptome, sondern auch um die tief sitzenden Ursachen. Solange man nicht vergisst, dass es immer noch um den Hund geht und nicht um die verlorene Puppe damals im Kindergarten: alles gut, alles der Sache sicher dienlich. Reflektieren ist prinzipiell etwas, das wir Menschen öfter tun sollten.

Der Hund ist ein wundervoller Einstieg in die schnöde Selbsterkenntnis. Warum nicht den Schritt gehen und sich vom Profi das Leben neu sortieren lassen? Der Hund als Einstieg in ein Leben voller neuer Erkenntnisse, Hundehaare und Struktur. Ein Traum!

Die goldene Mitte – wo ist sie?

Der Trend zum Hundetrainer ist, aus der Distanz betrachtet, auch wirtschaftlich nicht ganz uninteressant. Seelenheil gegen Klimpergeld, da kommt so manch einer auf die Idee, er könne sich auf dem kurzen Bildungsweg noch ein kleines Einkommen sichern. Wir vertrauen mal darauf, dass sich die Spreu vom Weizen trennt. Früher oder später fallen viele über ihre zu großen Schuhe oder beginnen hoffentlich, ihre eigenen Methoden zur Selbstfindung bei sich anzuwenden. Dann war zumindest die Abendschule nicht ganz umsonst.

Wie wäre es denn in anderen Branchen? Eigene Haare auf dem Kopf qualifizieren einen ja noch lange nicht zum Hairstylisten, auch wenn man sich selbst Zöpfe flechten kann. Oder stellen wir uns vor, wir hätten eine Freundin mit einem florierenden Blumengeschäft. Davon inspiriert, wollen wir nun selbst ein Floristikatelier eröffnen. Wir haben schließlich schon mehrmals Blümchen erhalten und auch der Blumenfreundin beim Blumenbinden zugeschaut. Zwei rote Rosen links, drei Gerbera rechts und Schleierkraut als Füllsel. Kein Hexenwerk, aber 'ne teuflisch gute Geschäftsidee. Der wirtschaftliche Erfolg als einziger Motivator reicht nicht unbedingt aus, um langfristig zu bestehen. Persönlichkeit und Können sind nicht zu unterschätzen. Von einer Sache ein bisschen was zu wissen oder es von der Pieke auf richtig zu lernen – das ist der kleine, aber feine Unterschied.

Es gibt nichts, was es nicht gibt. Wir Trainer haben es geschafft, aus vielen Nebensächlichkeiten eine riesen Sache zu machen. Wir erfinden tolle Namen für »Fang den Ball« oder »Dreh Dich im Kreis«. Wir waren sehr kreativ und jeder Trainer, oder sagen wir besser Ambitionierte, hat wohl seine Nische gesucht und teils auch gefunden. Nicht alles hat im Nachhinein Bestand oder sich als wertvoll erwiesen, einiges jedoch schon. Darüber zu urteilen, was in unseren Augen jetzt effektiv war und was die Welt nicht gebraucht hätte, wäre anmaßend.

Ja, ja, wenn's einfach wär, würd's Fußball heißen!

Richtig ist, was eine Situation langfristig
positiv beeinflusst, ohne dabei dem Hund
zu schaden.

Das setzen wir einmal grundlegend voraus. Das lassen wir einmal so stehen. Für jeden wird es wohl was Passendes geben.

Es gibt die »Hardliner«, die vom »alten Schlag«, die das Goldkettchen nicht nur um sich hängen, sondern auch den Hund tragen lassen. Rucken und zucken muss es, »Sitz« wird gebrüllt und nicht geturnt. Und es gibt die Wattebauschis, die nur Kekse werfen und niemals eine Konfrontation suchen – wegschauen und »keksen« als Lösung für den Krieg am Zaun. Sicher gibt es mit diesen Mitteln Erfolge, gar keine Frage. Wenn alles für alle passt, dann hat man für sich wohl den richtigen Weg gefunden! Die goldene Mitte wird oft gepredigt, aber wo ist sie nur? Gibt es sie? Die gesunde Mischung aus Grenzen setzen und dennoch wohlwollend bleiben? Ja, durchaus wird es sie geben. Wer sich wo gut aufgehoben fühlt, muss jeder selbst entscheiden. Wir wollen hier keine Empfehlungen aussprechen oder urteilen. Auch wir denken um, und was wir heute nicht optimal finden, ist morgen vielleicht für einen Hund die perfekte Lösung.

> *Kommunikation ist der Dreh- und Angelpunkt. Nicht nur übereinander reden, sondern miteinander. Wer offen an Dinge herangeht, der wird nie aufhören zu lernen.*

Auch wenn wir zehn Dinge bereits wussten, es ist vielleicht die Nummer 11, die uns weiterbringt. Zuhören, ohne Wertung, Offenheit als Schlüssel zum guten Miteinander. Erst einmal wirken lassen. So viel Fairness sollte unter uns Hundeleuten doch möglich sein.

Flexibilität und Offenheit

Wir Menschen schauen zu wenig hin und sind sehr schnell mit beurteilen und werten. Wir scheren Dinge über einen Kamm. Dabei könnten wir es doch besser wissen, oder? Kritikfähig zu sein, ist eine Herausforderung. Wir sagen oftmals, dass wir froh darüber sind, wenn uns einer mal darauf hinweist, dass wir wie eine Tüte Wasser mit Leine in der Hand dastehen. Doch sind wir mal ehrlich, die innere Reaktion ist erst einmal Abwehr, als hätte man einen Kaktus im Kopf. Es piekt und man will, dass es weggeht. Selbstschutz! Gut, wer ihn hat. Wenn die Kritik dann endlich das Gehirn erreicht und der Kaktus seine Stacheln eingefahren hat, dann können neue Perspektiven entstehen. Man darf gerne anderer Meinung sein, sollte allerdings für Impulse von außen offen bleiben.

Unsere Hunde ertappen uns doch auch täglich dabei, dass wir Kompetenz vorspielen und im nächsten Augenblick absolut inkonsequentes Verhalten an den Tag legen.

Wir können unsere eigene Körpersprache und mentale Einstellung nicht austricksen und uns keine Kompetenz antrinken. Selbsttests haben das bewiesen. Wir Menschen sind in der Lage, an uns zu arbeiten, aus Fehlern zu lernen und unser Handeln zu diskutieren. Seine eigenen Stärken und Schwächen zu kennen, das ist unbezahlbar. Denn nur so können wir an diesen Themen arbeiten. Wer jedoch ständig voreingenommen durch die Welt tingelt und glaubt, er wäre das Nonplusultra, derjenige wird eventuell für seine eindimensionale Einstellung die Quittung bekommen. Insbesondere Menschen, die mit Menschen und Tieren arbeiten, sollten ihren Emotionsradar immer auf Empfangsbereitschaft geschaltet haben. Denn diese Arbeit lebt von feinsinniger Beobachtung, vom Austausch mit dem Gegenüber und nicht von der Selbstdarstellung.

Haupt- und nebenberuflich praktizierende Hundetrainer laufen sich in Scharen den Rang ab. Bald macht jeder etwas mit Hund und ja, es ist im Grunde eine tolle Entwicklung, dass die Menschen sich dem Tier widmen. Wie bei allen Dingen, die zu sehr gewollt werden, ist jedoch die »Performance« oftmals qualitativ sehr unterschiedlich. Wir schauen häufig zu wenig auf unsere eigenen Talente, hören nicht auf unser Bauchgefühl und bei allem Respekt, nicht jedem liegt es im Blut. Der Umgang mit Tieren lebt von einem hohen Maß an Respekt und Wohlwollen. Aber was sehen wir regelmäßig auf Trainingsplätzen, auf Seminaren, bei Hundeprüfungen? Ganz kühn geschrieben – und ja, es darf auch mal ein bisschen mehr Kritik in den eigenen Reihen geben – wir sehen Kollegen, die vielleicht noch ihre eigenen Hunde mögen. Doch der Kundenhund, was ist mit ihm?

Es geht nicht um uns Trainer! Es geht darum, einen um Unterstützung fragenden Hundehalter den Rücken zu stärken, damit er seinen Weg findet, mit seinem Tier ein gesundes und harmonisches Miteinander zu führen.

Unsere eigenen Anforderungen an einen Hund sollten nicht mit dem gleichgestellt werden, was der Kunde sich wünscht. Und auch hier sind wir erneut im Bereich »Zuhören«! Wie unsensibel es teils zugeht, erstaunt uns immer wieder.

Einem Menschen zu sagen »Hey, Dein Hund ist talentfrei und fett!« ist vergleichbar mit der Aussage: »Frau Schnibbelbeck, Ihr Kind ist aber schon hässlich!« Es trifft uns persönlich und verletzt.

Darf man so etwas? Darf man so mit Menschen umgehen, die eine Dienstleistung buchen, Rat benötigen? Darf man sie verspotten und kränken, noch dazu als Fachmann? Hundehalter sind oftmals bereit, Unsummen in Training zu investieren. Sie wollen ja lernen, wie es besser geht. Das sollte auch Anreiz sein, den Kunden dort abzuholen, wo er wissenstechnisch steht. Gewiss hat der Kunde ein Defizit an Fachwissen, warum dann darauf herumreiten? Um sich das eigene Ego und das Bankkonto aufzupumpen?

Die angestrebten Ziele des Kunden

Das Ganze geht natürlich auch in die andere Richtung. Der Kunde kommt mit einer vorgefassten Meinung zum Training, ist klug gegoogelt und analysiert alles, was beim Hund im Argen liegt. Ambitionen in allen Ehren, aber warum trifft man sich dann mit dem Fachmann? Um eventuell seine Meinung bestätigt zu bekommen, um nichts an sich ändern zu müssen oder um zu hören, dass dieser Hund ja ganz aussichtslos und extrem kompliziert ist. Dann könnte man sich eine Art Absolution erteilen lassen, dass der Hund weggegeben werden muss, oder so unerzogen bleibt, wie er derzeit ohnehin schon ist. Es gibt diese Kunden, die ihr Zehnerkärtchen kaufen und nichts, einfach gar nichts aus dem Training mitnehmen. Es wird auch Zuhause nicht geübt und nichts verändert, weil immer irgendetwas dazwischen kommt: Sonne zu hell, Kind krank, Schwiegermutter gestürzt, Bein ab, Kopf kaputt. Negativwerbung ist für uns Trainer aber ebenso belastend: »Du, ich war ewig bei XY – hat alles nix gebracht!« Wer kennt so etwas nicht. Schlimm nur die, die darauf einsteigen, anstatt zu hinterfragen. Aber so ist das nun einmal im freien Wettbewerb. Der eine macht aus dem Elend des anderen ein schönes Konzept und so finden sich wohl die zusammen, die zusammengehören. Damit ist es im Grunde schon wieder chic für alle.

Für ein besseres Miteinander!

Man kann sagen: Es gibt immer einen, der es macht, und einen anderen, der es mit sich machen lässt.

Dennoch sitzen wir Trainer/Fachleute doch am längeren Hebel, oder etwa nicht? Daher ist es wichtig, dass der Hundehalter hinterfragt – tut es mir und meinem Hund gut, was da im Unterricht passiert? Wird etwas besser oder schlechter? Fühle ich mich als Kunde verstanden? Denn was macht es mit dem Hund, wenn ich als Mensch mit ihm konstant in die falsche Richtung marschiere. Ungeachtet seiner Talente, seiner Bedürfnisse? Wir Hundetrainer haben die Aufgabe und die Möglichkeit, diesen Weg mitzugestalten. Daher darf unsere eigene Zielsetzung nicht die Wünsche und Bedürfnisse eines Kunden übergehen. Und wir Hundetrainer dürfen auch NEIN sagen zu Zielsetzungen eines Kunden. Ja, absolut! Auch Kunden können sich mit ihren Wünschen und Träumen rund um den geliebten Hund verrennen. Schon sind wir wieder bei den Erwartungen, die gegebenenfalls nicht erfüllt werden können.

Trainer sind nicht dazu da, den Hund passend zum Menschen zu machen, sondern dem Menschen die Besonderheiten seines Hundes als Chance oder als Geschenk aufzuzeigen. Das Universum gibt Dir nicht unbedingt das, was Du willst, sondern das, was Du brauchst – zum Dazulernen.

Diese Anmerkung, auch wenn sie womöglich keine Fans hervorruft, ist wichtig aus unserer Sicht. Denn, wer sich den Schuh anzieht, etwas zum Wohle des Hundes bewegen zu wollen, darf eines niemals schleifen lassen – Selbstreflexion. Lernen hört nie auf und Flexibilität am Arbeitsplatz bedeutet nicht, mal den Trainingsort zu ändern, sondern gezielt die eigene Herangehensweise zu optimieren. Viele gute Kolleg*innen machen da draußen einen fantastischen Job! Das muss ebenso gesagt werden. Und wir alle haben schon einmal Dinge nicht gewusst, falsch gemacht, unklug bewertet – wir sind Menschen. Nur sollte »mal falsch liegen« nicht chronisch werden.

Die Magie von Bindung und Beziehung

Nun schauen wir uns einmal genauer an, was mit uns Menschen und unseren Hunden eigentlich so los ist. Wir alle kennen die Magie der Worte »Bindung und Beziehung«. Nicht jeder? Gut, dann schnell noch ein Exkurs, worum es geht.

Konzentrieren wir uns einmal auf die Menschen, die emotional für ihren Hund verfügbar sind und sich bedingungslos auf einen vierbeinigen Mitbewohner einlassen wollen. Sie haben vor, ihren Hund so zu nehmen wie er ist, Ecken und Kanten sind erst einmal egal! So sind, beziehungsweise waren zu Beginn eigentlich fast alle Hundehalter. Nur trennt sich irgendwann die Spreu vom Weizen.

Kommt ein Hund ins Haus, ist die Freude groß und was liegt uns Menschen besonders am Herzen? Na, dass er uns mag. Der Gedanke, unserem Hund nicht zu genügen oder keine Beziehung herstellen zu können, ist wie die Angst, dass die Atemluft knapp wird. Wir schwirren also emotional aufgeladen um unseren neuen Mitbewohner herum und betreiben Beziehungsarbeit. In einigen Fällen ist es wie das Warten auf den großen Durchbruch. Natürlich mag man den Hund, den man sich ausgesucht hat, aber er ist zu Beginn ein Fremder. Ein sehr willkommener Fremder, bei dem es auch erst einmal klick machen muss. Dann werden aus Fremden Freunde und aus guten Freunden wird irgendwann Familie. Bis dahin ist es manchmal ein sehr weiter Weg. Man kann es nicht erzwingen und muss eine Beziehung wachsen lassen und sich darauf einlassen, sich aber auch einbringen. Denn über gemeinsame, positive Erlebnisse entsteht ab einem bestimmten Punkt eine Beziehung zwischen Mensch und Hund. Sich redlich bemühen, dass es dem neuen Familienmitglied an nichts mangelt, ist grundsätzlich ein feiner Zug seitens des Menschen. Wer mag schon jemanden, der sich nicht konstant um einen bemüht?

Leider vergessen Hundehalter all zu oft, dass es nicht ausreicht, wenn nur einer sich abmüht. Dem Hund die Decken in die Sonne schieben, hübsch was kochen, ganz viele Spielsachen kaufen, all das mag dem Hund zwar gefallen, doch würde er sich deshalb exklusiv an uns binden? Beziehung hin oder her, wer aufs nächste Level will, der muss mehr geben als NUR nett sein. Hund und Mensch können diverse, ganz unterschiedliche Beziehungen pflegen, wie auch wir Menschen untereinander. Man verkumpelt sich mit dem Nachbarn, hängt locker mit dem Kegelfreund ab, geht gerne mit der Schulfreundin ins Kino – viele Beziehungen unterschiedlichen Werts. Der Hund mag den Nachbarn, weil der Kekse durch den Zaun stopft, die nette Oma, weil die sich freut, wenn sie dem Hund den Kopf kraulen kann und der Postbote ist auch okay. Diese Menschen sind da, wollen nichts Konkretes vom Vierbeiner und werden von diesem sehr gerne für seine Zwecke benutzt. Jeder bekommt ein »Lächeln« geschenkt, jedoch die Familiengeheimnisse, die verrät man diesen Leuten nicht. Da vertraut man doch lieber jemand anderem. Nur wer wäre das im besten Falle?

Drum prüfe, wer sich ewig bindet!

Bei losen Bekanntschaften geht es meist wenig dramatisch zu. Ab und an werden die Kontaktdaten aktualisiert und der eine fällt aus dem Adressbuch heraus, ein neuer kommt hinzu. Ohne viel Streit, ist halt so und man verändert sich ja auch im Laufe eines Lebens. Kegeln ist doof, also hat man auch mit dem Kegelbruder nicht mehr so viel gemeinsam. Dafür ist der Töpferkurs voller neuer Gesprächspartner. Es bleibt nett, aber irgendwie auch unverbindlich. Wer sich jedoch mehr erhofft und sich exklusiver binden möchte, der sollte mehr auffahren als einmal die Woche Kicken auf dem Bolzplatz. Da werden die feinen Unterschiede schnell ersichtlich. Nicht jeder ist bereit, alles für den anderen zu tun. Es gibt Grenzen, die bei einer engen und stabilen Bindung überwunden werden können, bei einer lockeren »Hey, und ... Du so?«-Beziehung aber schnell zum Bruch führen. Exklusivität ist das, was Bindung ausmacht.

Bindung ist wie ein großer Umhang, den man über den anderen zum Schutz ausbreitet. Das Gefühl von Verlässlichkeit, Geborgenheit und Souveränität vermitteln, da sein, wenn es wirklich schwierig für das Gegenüber wird, darum geht es doch im Leben. Hunde müssen uns vertrauen können.

Wer an dieser Stelle, getragen ausschließlich von Liebe und Geduld, den Boden der Tatsachen verlässt, dem möchten wir gerne mitteilen, dass Bindung nicht vom Zuschauen und Bürsten entsteht.

Sich für seinen Hund stark machen, Dinge regeln und hündisch kompetent und souverän sein – das ist des Rätsels Lösung. Dem Hund, dem das Leben Widrigkeiten bietet, zu signalisieren, dass bei seinem Menschen zu bleiben und bei ihm Schutz zu finden, eine Möglichkeit ist, ist sicher das Optimum.

Seine Führungsrolle liebevoll konsequent, fair, verständlich, unmittelbar und dennoch wohlwollend und humorvoll auszufüllen, das macht den aus, dem man vertrauen möchte, dem man sich anschließen, an den man sich binden mag. Ein gemeinsames Sein, wertschätzend für das Gegenüber mit Verbindlichkeit in allen Lebensbereichen.

Wer gut führt, ist stets darauf aus, dass seine Teammitglieder ihr Bestes geben können, ob Mensch, ob Tier. Um im Team vorwärtszukommen, bedarf es Mitstreiter, die bereit sind, ihr Talent voll auszuschöpfen, um ein gemeinsames Ziel zu erreichen. Wer führt, teilt den Erfolg, trägt aber auch die Verantwortung und das Risiko. Wer die

Führungsrolle innehat, entscheidet, wenn es darauf ankommt, lässt aber auch zu, ohne ständig zu kontrollieren, lässt sein Team Erfahrungen sammeln und schützt es! Wir Menschen müssen pro Hund entscheiden, auch wenn der Hund unsere guten Absichten manchmal primär für unnötig hält. Je konsequenter und wertschätzender wir den Weg zum sicheren Miteinander vorgeben, umso mehr wird das Vertrauen in uns wachsen können. Hunde, die sich an ihre Menschen anlehnen können, wissen, dass sie Verantwortung auch mal an uns zurückgeben dürfen – darum geht es letztendlich. Sich mögen, ja, sich blind vertrauen – das ist eine ganz andere Ebene.

Es gibt jedoch Fälle, in denen schlicht die Chemie nicht stimmt. Jeder ist gut so wie er ist, aber gemeinsam will sich kein Team bilden. Nicht immer wird aus einer Freundschaft der Bund fürs Leben! Wir Menschen sind nicht immer nur schuld an allem. Es gibt das kleine variable X, das uns ab und zu einfach die Gleichung nicht lösen lässt. Der Nächste ist besser in Mathe und schon ist der Ball wieder rund. Uns Menschen darf auch einmal etwas nicht gelingen.

Der Hundehalter, der eigentlich ein souveräner Ansprechpartner für seinen Hund sein sollte und sich abmüht, um diesem zu gefallen, er wird nicht in der Lage sein, dem Hund eine liebevolle, verlässliche Führungsrolle zu vermitteln. Natürlich sehen wir Menschen das meist nicht so. Wir sprechen über Grenzen und Tabus, über Distanz schaffen und Nähe aushalten lernen – der Hund rollt die Augen und entlarvt uns als »stets bemüht«. Damit wäre sein Part der Beziehungsarbeit abgeschlossen. Er versteht recht zügig, bei welchem Typ Mensch er eingezogen ist, und dass es Futter im Überfluss gibt, meist ohne erbrachte Leistung. Obendrein gibt es noch uneingeschränkt Sozialkontakt, warum sich also anstrengen. Wann immer es dem Hund gefällt, kann er bei seinem Menschen durch pure Anwesenheit Glücksgefühle schaffen und so ist ihm eines sofort klar: »Der kann nicht mehr ohne mich, Jackpot!«

Die »Hab mich gern«-Thematik

Hunde wollen sich nicht täglich fragen, ob ihr Mensch denn heute sein Leben im Griff hat. Sie benötigen Klarheit, Beständigkeit, Respekt im Sinne von Achtung, Fairness, Wertschätzung und jede Menge Wohlwollen. Sind das nicht die Werte, die wir Menschen auch untereinander gutheißen?

Wir möchten die Sache mit unserem Hund gut machen – das steht außer Frage. Oftmals binden wir uns mehr an unseren Hund als umgekehrt. Erzwingen kann man sie nicht, die gute Beziehung, die enge Bindung und schnell schlittern wir in die ersten verhängnisvollen Fallen, ohne es zu merken. Wir sind jederzeit verfügbar für unseren Hund, als würden wir ihm die imaginäre Schleppe tragen. Wir sind verzaubert von unserem Hund und das zu Recht. Denn, es ist der beste, schönste, klügste Hund der Welt! Als Neuhundehalter nehmen wir uns vier Wochen Urlaub, damit sich der neue Mitbewohner eingewöhnen kann und dann? Dann ruft der Alltag und wir verlassen um 8:00 Uhr das Haus – ohne den Neuen! Der Hund, der bis dahin signalisiert bekam, es ginge nur um ihn, ist überrascht und meldet Unbehagen an. Von Null auf Hundert und dann kommt der freie Fall. Ist das fair?

Natürlich ist es nicht leicht, sich einen Hund anzuschaffen und dann als erste Maßnahme an der Wahrung der eigenen Privatsphäre zu arbeiten. Distanz halten und Frust aushalten lernen, grausam für uns verliebte Hundehalter. Wollen wir doch immer in der Nähe unseres Hundes sein und freuen uns wie Bolle, dass der Vierbeiner uns nicht mehr aus den Augen lässt: »Der mag mich und hat eine ganz enge Bindung zu mir!« Doch nicht mehr die Klotür zumachen zu können, weil der Neuling sonst einen Nervenzusammenbruch bekommt, ist nicht zwingend mit starkem Bindungsverhalten gleichzusetzen. Gemeinsam zu leben, bedeutet ja nicht, dass der andere einem konstant an den Hacken klebt, einem beim Zeitungslesen über die Schulter schaut und beim Telefonieren auf Lautsprecher tippt, damit er ja nichts verpasst. Hier ist die Sache ganz offensichtlich und kaum ein Hundetrainer spricht dieses Thema nicht direkt in Trainingseinheit Nr. 1 an. Dennoch wollen wir so etwas nicht hören. Die Finger vom Hund lassen, mal sein eigenes Ding machen, unmöglich. »Ich habe den Hund doch nicht, damit ich ihn ignoriere.« Richtig! Wir haben ihn aber auch nicht dafür, dass er uns tyrannisiert. Manche Dinge wollen wir Menschen nicht wahrhaben. Lieber suchen wir uns ein paar fadenscheinige Erklärungen, damit wir unseren kleinen Wahnsinn noch etwas weiter pflegen können. Die Hunde haben es da einfacher. Wir denken stundenlang über ein Problem nach und tun uns schwer, einmal eine klare Entscheidung zu treffen. Unsere Hunde machen einfach. Wer wartet, der verpasst den Bus des Lebens. Wir Menschen studieren Fahrpläne und haben das Kleingeld für die Fahrkarte abgezählt im Säckel. Wie würde es ein Hund machen? »Keine Ahnung, wo der verflixte Fahrschein ist, Geld hab' ich auch nur nen großen Schein. Egal, einsteigen und sehen, ob's gut geht. No risk, no fun!« Eine flotte Ausrede für den Kontrolleur hätten sie sicher auch parat. Hund müsste man sein!

Bei unserem Bemühen rund um die »Hab mich gern«-Thematik ist es irrelevant, ob der Hund ein Welpe oder ein Erwachsener ist. Der Welpe hat den Babybonus und der Hund mit Vorgeschichte erhält von seinen Besitzern all zu oft ein Attest: »Kann sich nicht einbringen wegen schwerer Kindheit«. Keiner will etwas falsch machen! Lieber machen wir nichts, als etwas verkehrt. Oftmals verharren wir in unserem Nichtstun, weil uns die selbst auferlegte Verantwortung für den Hund zu groß erscheint. Was ist denn nur mit uns los? Erst haben wollen und dann rumtänzeln! Wer in die Tanzschule will, ist im Hundewesen falsch.

Den Blick nach vorn, nicht zurück

Hunde leben im Hier und Jetzt und wir Menschen können Vergangenes nicht schön füttern, weg streicheln oder irgendwie sonst rückgängig machen.

Genauso wenig sollten wir unsere Erwartungen, die wir in einen Welpen gesetzt haben, über extreme Frühförderung erzwingen. Es wird uns auf die Füße fallen, ganz sicher. Man kann eben nicht am Gras ziehen, damit es wächst.

Das Wissen um eine Vorgeschichte, ob Welpe oder erwachsener Hund, mag hilfreich sein, aber es sollte nicht zum Hinderungsgrund werden, falsch verknüpfte Verhaltensweisen wieder in die richtigen Bahnen zu lenken. Natürlich überschatten manche Erlebnisse das Hundeleben. Unsere Aufgabe ist jedoch, die Schatten etwas aufzuhellen. Selbstredend macht das etwas mit einem Hund, wenn er beispielsweise so lange am Halsband angebunden wurde, bis dieses in seinen Hals eingewachsen ist, oder mit einem Welpen, der nur einen Kellerraum kennengelernt hat. Nur wie lange wir diese Themen für den Hund wichtig sein lassen, entscheidet doch in der Regel unser Umgang mit ihm.

> *Ein permanenter Rückblick ist auch immer ein Rückschritt. Was geschehen ist, sollte nicht die Zukunft bestimmen. Im Hier und Jetzt sollten wir mit unserem Hund leben und ihm souverän den Weg zeigen.*

Was richtet es an, wenn wir aus Mitleid und Fürsorge um den Hund keine Grenzen setzen? »Er muss doch erst einmal ankommen«, lautet ein oft zitierter Satz. Ein Hund, der es auf der Straße geschafft hat durchzuhalten, wird es, so nur grob die Vermutung, auf dem Sofa von Familie Winkelmann überleben.

Auch ein Welpe muss nicht zuerst das Schloss einnehmen, um dann festzustellen, dass es ihm gar nicht gehört. Wir mögen uns irren, aber das Risiko gehen wir ein.

Wie ist es für einen Hund, der ohne sein Zutun das Prinzengewand umgehängt bekommt und nun selbst entscheiden muss, wie es läuft? Wenn auch ausreichend versorgt, so bleibt er dennoch ohne Richtlinie. Er taumelt in der Grauzone umher, Sicherheit fühlt sich anders an. Hunde, die neu in unser Leben treten, brauchen einen kompetenten Ansprechpartner, der ihnen (unliebsame) Entscheidungen abnimmt. Es geht nicht darum, den Hund »unmündig« werden zu lassen, sondern nur um ein gesundes Maß an Stabilität. Er soll keinen Job machen müssen, der uns dann später im Alltag ins Trudeln bringt. Wer alles allein regeln muss, der wird gegebenenfalls überfordert oder größenwahnsinnig. Dann macht Nero dem Postboten eben allein die Tür auf, hilft ihm direkt aus der Jacke und auch noch aus der Hose, egal, ob das Bein noch drinhängt. Wollen wir so etwas von unserem Hund? Nein! Oder besser gefragt, wie einfach ist so ein Verhalten im Alltag wirklich zu managen? Wie oft gibt es eine neue Hose für den Postboten, bis man von der Poststelle auf Brieftauben herabgestuft wird? Die Angst davor, dass unser Hund uns nicht mehr mögen könnte, nur weil wir ihm unsere Vorstellung vom Zusammenleben aufzeigen, ist für viele Hundehalter allgegenwärtig und schon fast bedrohlich.

Wenn alles gut läuft, dann darf der Hund auch mal etwas kontrollieren, sich etwas breit machen und wir dürfen uns mal ein wenig rausnehmen. Nicht immer ist es schlimm, wenn der Hund mit zur Tür wackelt und dem Besuch »Hallo« sagt. Es kommt auf den Typ Hund und auf das Gesamtbild an. Und wenn es nicht das gewünschte Resultat bringt, dann können wir Dinge auch wieder ändern. Dann treten wir erneut in den Vordergrund und alles ist wieder gut.

Kumpel oder Chef, das ist die Frage?

Eine gute Frage, die uns Menschen oftmals ins Wanken bringt, ist:
»Was möchtest Du für Deinen Hund sein?« Kumpel, Partner,
Freund – klingt doch alles ganz nett.

Dröseln wir es auf.

Ein lebensnahes Beispiel: Wir Hundehalter möchten in der Regel
nicht, dass unser Hund Dinge vom Tisch klaut. Wir sind aber wild
entschlossen, im Kumpelmodus mit unserem Haustier zu leben. Bros
forever, wegen der Coolness und so. Was tut man mit dem Kumpel,
der mal daneben langt? Der samstagmittags in der Garage beim
Ölwechsel hilft, dann in die gute Stube stolpert und mit dreckigen
Fingern ein Stück Wurst aus der Eintopfschüssel fischt – »sah halt
lecker aus …« Nicht viel, oder? »Der ist halt so, ist nicht schlimm,
war ja auch irgendwie witzig, was er da so gemacht hat, der Kalli.
Und der Typ hilft echt immer, wenn's brennt, oder löscht zumindest
den Brand, den er verursacht hat. So isser halt. Den muss man mögen.«
Was macht man mit Freunden, wenn mal was nicht rund läuft? Man
diskutiert, bespricht das Problem oder sagt auch mal nichts, der
Freundschaft wegen – Kompromisse schließen nennt sich das.

Ist dies das angestrebte Lebensmodell mit Hund? Wegschauen,
wegatmen, belächeln, Dauerkompromisse eingehen, sieht das Leben
mit Hund wirklich so aus? Wir bestimmen doch den Alltag unserer
Hunde, stellen Regeln auf, sind in gewissen Situationen klar in der
Verantwortung und fragen sicher nicht den Hund, ob er heute mal
übernehmen möchte. Also, was sollten wir für unsere Hunde sein?
Chefs! Ist das schlimm? Macht es uns für unsere Hunde weniger attrak-
tiv, weniger mögenswert? Große Behauptung – nein, im Gegenteil!

Es muss den Einen geben, der den Fels
in der Brandung mimt, auch wenn Surfen
so viel cooler wäre.

Wir sind wirklich erstaunt, wie selten Hundehalter auf diese Frage sofort »Chef« zurückwerfen. Als wäre es was Schlimmes zu sagen, ich schmeiß' den Laden, ich hab' den fetten Drehstuhl in Lederoptik und den Mahagonischreibtisch, ich sorge für ein Dach über dem Kopf, schaffe Essen ran und verteile meine Aufmerksamkeit fair und wohlwollend. Wir Menschen hätten gerne so ein Zwischending – Best Buddies bis einer ausrastet, dann wird hektisch neu verhandelt. Doch so funktioniert es unserer Auffassung nach leider nicht. So, wie man sich kennenlernt, so lebt man (meist) auch miteinander. Der berühmte erste Eindruck eben. Ein gesundes Mittelmaß zu finden, ist eine Herausforderung. Was darf der Hund, was nicht? Immer sind wir der Herrscher über richtig oder falsch, fühlen uns als die Meckerfritzen, die Miesepeter, die dem Hund den Spaß verbieten – ob wir uns das immer so vorgestellt hatten, bevor wir JA zu einem Hund gesagt haben? Hand aufs Herz, wir dachten doch alle, es wäre etwas plüschiger und mit mehr Kuschelfaktor, oder? Keiner von uns ist aufgewacht und hat gesagt: »So, heute ist Dienstag, und die Sonne scheint – dann lasst uns mal den durchgeknallten Leinenpöbler anschaffen, ich hab' Bock auf Chef sein!«

Unter dem Aspekt des drohenden Kontrollverlusts, mangels menschlichem Engagement, weil unsere Luschen-Schmerzgrenze erreicht ist, sollten wir das Zepter schnellstmöglich in die Hand nehmen. Sind wir gerne Bestimmer, Erziehungsberechtigter, Chef – alles gut. Einer muss den Laden am Laufen halten und wenn wir nicht das Sagen haben, dann wird der Hund aus Hundesicht übernehmen (müssen), so ist es nun einmal.

Den Chefsessel besteigen zu wollen, ohne es zu können, führt nicht unbedingt dazu, dass der Hund uns ernst nimmt. Wenn Chefsein doch nur so einfach wäre wie Nudelwasser kochen! Hunde lesen uns nur zu gut, wissen recht zügig, ob wir Mann oder Maus sind. Da nützt uns die Tarnung im Nadelstreifen wenig. Wie leicht

Hunde es doch haben. Äußerlichkeiten und große Posen prallen ab, sie reduzieren uns postwendend auf das, was wir sind. Auch, wenn wir nicht wirklich für den Chefposten gemacht sind, sollten wir uns bemühen, klar zu führen – zum Wohle unseres Hundes. Übung macht den Meister und jeder wächst ja bekanntlich mit seinen Aufgaben. Sind wir jedoch ohnehin ein Chefcharakter, dann wird es etwas leichter, Wege, Grenzen und Strukturen für das Miteinander vorzugeben und durchzusetzen.

Wer sich bis hierhin wiedergefunden hat, Glückwunsch! Du bist wie wir. Das mag im ersten Moment erschreckend sein, nimmst Du die Tatsache aber einfach an, legt sich der Schock. Du bist ein Hundehalter, der vieles falsch macht, jedoch auch ganz viel richtig. Und eines können wir ganz klar verraten: Man darf Dinge falsch machen, Perfektion ist nichts, was man mit einem Hund realistisch erreichen kann, es gibt keine hundert Prozent. Warum auch, wäre doch total langweilig. Also, wir haben uns dazu entschlossen, unsere, zugegeben gelegentlich wirren Gedanken aufzuschreiben, um offenzulegen, was uns manchmal richtig nervt und frustriert, quasi das, was auch wir Fachleute nicht immer hinbekommen. Ist doch menschlich! Uns geht es darum, ein Bewusstsein zu schaffen, dass wir Hundehalter uns mal wieder etwas locker machen, uns hinterfragen, ohne sofort die Flinte ins Korn zu werfen. Es hagelt hier auch Kritik, aber noch ein »Spielen und Schmusen leichtgemacht-Ratgeber« war aus unserer Sicht unnötig. Es muss wieder mehr um die Basis gehen, die Grundeinstellung zum Tier und nicht nur darum, immer mehr hochwertige Erklärungen für ein »komisches« Verhalten anzubieten, das der Hund ohne unser besorgtes Zutun gar nicht entwickelt hätte. Zurück zum Fahrplan: Das Schreiben ist wie »warten auf die Deutsche Bahn«. Der Plan steht, doch irgendwie kommt dauernd alles anders. Wie gesagt, wir bekommen auch nicht alles hin. Wobei wir einen Schaden an den Oberleitungen ausschließen können.

Hund trifft auf Umwelt

Neben den Wirren der konstanten Beziehungsarbeit und dem stoischen Ausblenden dieser Chef-Geschichte, möchten wir Menschen nun was genau von unserem Hund? Na, Spaß haben, ihn rumzeigen, stolz sein und unserem neuen Begleiter neue Freunde suchen. Denn die braucht er mindestens so dringend wie Bindung. Seht es bitte mit einem Augenzwinkern. Also, Freunde finden oder etwas hochwertiger ausgedrückt – Sozialkontakte herstellen.

Raus in die Welt und ab dafür

Wir Menschen sind oftmals besessen von der Vorstellung, dass jeder Hund »zwangssozialisiert« werden muss. Schrullig sein und Kollegen echt blöd finden, ist für unsere Hunde keine Option mehr. Wer andere unnötig findet, der muss in Therapie. Das ist ja nicht normal und jeder Hund will doch Hundekontakt, so wird jedenfalls gemunkelt. Das ist im Grunde richtig, nur sind die Beweggründe sehr unterschiedlich und reichen von miteinander spielen bis sich gegenseitig fressen wollen. Vorsicht, was man sich da herbeiwünscht! Sozialverträglichkeit scheint bei vielen Hundehaltern als einzig anerkannter Richtwert zu gelten, der darüber Auskunft gibt, ob ein Hund das Prädikat »wertvoll« erhält. Sozialverträglichkeit ist doch kein Sportabzeichen. »Da schau, der Jürgen hat das Seepferdchen verbockt, jetzt darf er nicht mehr mitspielen!« Es ist schön, wenn ein Hund Dinge, die uns wichtig sind, bedienen kann, auch Sozialverträglichkeit. Es ist aber nicht immer die Realität und wer eine Sache von zehn nicht beherrscht, ist noch lange kein Versager. Man könnte auch böse zurückfauchen und sagen: nett kann ja jeder! Ja, es gibt immer zwei Seiten.

Wir haben also einen Hund und für ihn war bis jetzt alles in bester Ordnung. Doch dann werden wir aktiv und los geht die Reise ins Ungewisse. Hund trifft auf Umwelt und schon nimmt der Tourbus ins rasante Hundeleben Fahrt auf.

Begegnungen auf der Hundewiese

Da steht er nun, der stolze Hundebesitzer und scannt das Treiben auf der Hundewiese. Die Suche nach Gleichgesinnten hat begonnen – er sucht das Umfeld nach potenziellen Spielpartnern für den weltbesten Hund des Universums ab. Wer wird es werden, wer passt und wer ist willig? Ein lustiges Bild aus Sicht des Hundes, als würde man mit Mutti zum Blind Date gehen. »Clausi, die Mama sucht Dir jetzt 'ne Freundin!«

Wie schon erwähnt, steht die Frage, ob der eigene Hund das alles so überhaupt möchte, unbeantwortet still und stumm im Raum, beziehungsweise am Rande der Hundewiese. Was, wenn Clausi Kontakte zu Artgenossen überhaupt nicht bedienen kann, ungehalten oder hysterisch reagiert? Machen wir uns darüber im Vorfeld Gedanken und können wir die Situation dann gut lösen?

Der Mensch schlendert also über die Wiese und trifft nach kurzer Zeit einen anderen Menschen mit Hund, der Gesprächsbereitschaft signalisiert oder zumindest nicht schnell genug flüchten kann. Komischerweise sind wir bei der Suche nach anderen Menschen mit Hund sehr kompetent, was das Lesen von Körpersprache angeht. Da erkennen wir direkt, wer auch »Spieli-Spieli« mit seinem Hund machen möchte. Wir behalten diese Fähigkeit mal im Auge. Denn in anderen Situationen wäre es hübsch, wir wären genauso flink in der nonverbalen Kommunikation.

Hier sei noch kurz angemerkt, dass die Verfolgungsspielchen unter Hundehaltern sich sogar in ein grobes Muster ordnen lassen. Ein rasseinternes Nachlaufen ist nicht selten. Auch im Mischlingssektor wird gerne Kontakt zu Hunden gesucht, die dem eigenen Hund ähneln. Der Einstieg ins Gespräch ist auch leichter: »Wo kommt denn Ihrer her, welcher Züchter, auch aus Spanien?« Kennen wir doch alle. Es ist wirklich wie in der Disco. Ein flotter Spruch an der Theke und man muss nicht weiter alleine Discofox schwofen.

Im vorliegenden Fall hat der Anmachspruch funktioniert und man kommt ins Gespräch. Die Hunde, natürlich beide aus Griechenland, geraten umgehend zur Nebensache. Die Menschen müssen ja nun die schwere Kindheit ihrer Hunde aufarbeiten, man ist beim Lieblingsthema und sucht weitere Gemeinsamkeiten. Die Hundehalter plauschen nun angeregt über sich, über ihre Hunde und was der eine schon kann und wie toll der andere ist. Ja, Details sind wichtig. Die Hunde klüngeln mittlerweile auch, nur weniger laut, doch nicht minder intensiv – das alles unbehelligt ein Stockwerk tiefer. Keiner merkt es, denn es ist leise, unaufgeregt und vordergründig sehr friedlich. Warum beachten wir unsere Hunde nicht in solchen Momenten, fahren wir doch extra für sie auf eine Hundewiese? Geht es etwa mehr um die eigene Selbstdarstellung als um das vierbeinige Mitbringsel? Wer sucht denn hier überhaupt Kontakt?

Clausi und Fluppi plauschen also. Der eine mag Fußball, der andere lieber Golf und nach kurzem »Guten Tag, mein Name ist ...« wird's öde da unten. Sie könnten rennen, aber Clausi hat die Flexileine noch am Hals, da wäre dann nach fünf Metern eh abrupt Schluss mit Häschen spielen, bringt also nichts. Fluppi darf ohne Stützräder Gassi gehen, er ist ja schon seit zwei Jahren in Deutschland und hat sein autonomes Leben in Thessaloniki erfolgreich vergessen – wird von der Geschäftsführung im Burberry-Style zumindest behauptet. Was also tun mit der langweiligen Freizeit? Gut, denkt sich Clausi, er könnte seinen Menschen abschirmen. Die Hundewiese ist arg unübersichtlich und zu Hause ist er auch für alles verantwortlich, dann lieber mal rechtzeitig in die Startposition. Noch ist Zeit dazu. Ein toller Job und wer die Leine dran hat und ohnehin nicht wegkann, bleibt halt vor seinem Menschen quer stehen. Die Hundehalter freuen sich, die Hunde seien so artig und sozial und es wird darüber sinniert, wie verschmust der Clausi ist. Klar, er lehnt sich an seinen Menschen und schubbert sich an seinem Halter, als hätte er Flöhe im Fell, das ist Bindung, da ist man sich sicher. Clausi ist der Meinung, dass sein Halter einen top Schubberbaum abgibt, und ihm persönlich ist ja wichtig, dass der Fluppi Bescheid weiß, dass dieser Mensch NUR ihm gehört. Ebenso der ganze Bereich rund um den Schubberbaum-Menschen und wenn's gut läuft, auch noch ein Stück von der Wiese und der Pfütze rechts vom Halter. Man weiß ja nie, was so einem Clausi als nächstes wichtig erscheint. Bindung ist das in diesem Moment eher nicht. Das verraten wir der Halterin aber nicht, sonst ist sie bestimmt enttäuscht, dass der Clausi aktuell jedenfalls kein Schmuser, sondern nur ein Stratege ist.

Der innovative Freilauf-Fluppi hat sich in der Zwischenzeit einen Stock vom Nachbartisch ausgeliehen. Es war eine unauffällige, aber sehr smarte Aktion, denn sein Frauchen war beschäftigt, der Stockvorbesitzer wog nur 5 kg und dessen Besitzer war ebenfalls abtrünnig.

Selbst schuld. Der Typ hatte ohnehin schon Genickstarre vom Stocktragen und er war insgeheim froh, dass er das Ding los war. Eine klassische Win-Win-Situation.

Nun hat der eine seinen Menschen zum Schubberbaum umfunktioniert und der andere den Einsatz um ein Stück Holz erhöht. Die Hunde »spielen« unbemerkt Schnick, Schnack, Schnuck um den Stock und das mit einem unzufriedenstellenden Ausgang: beide hatten Schere, das gibt Ärger. Zwei Griechen, die Erfinder der Demokratie, dreschen sich, was für eine Ironie. Es folgt eine blitzschnelle Metamorphose der Quasselstrippen zu aktiven Hundehalterinnen. Zurückgekehrt ins reale Leben, mit sich prügelnden Hunden, versuchen die Menschen die Streitigkeit nicht noch weiter eskalieren zu lassen.

Energisch wird ein »Aus, Aus, Aus« gebrüllt, Clausis Flutschileine wird flink entheddert, er hatte Fluppi recht ungünstig im Gefecht an sich gebunden (da haben wir sie wieder – Bindung!). Fluppi zornt auch noch etwas vor sich hin, nun ist er zwar vom Clausi befreit, hat allerdings den blöden Stock eingebüßt. Den hat Frauchen einfach zurück ins Feindesland geschleudert. Jetzt trägt ihn ein lachender Dritter süffisant über die Wiese. Was für eine Schmach! Irgendwann ist alles wieder still. Die Menschen haben Schweißperlen auf der Stirn, sind aber glücklich, dass es vorüber ist. Jeder streichelt seinen Hund, hatte man doch Angst, es hätte einen schlimmen Ausgang nehmen können. Vergleichbares Verhalten hätten beide Damen ja noch nie erlebt. Es wird Leinenmaterial sortiert, die Burberry-Kutte wird gerichtet und nach fehlenden Ohren gesucht, zum Glück ist nichts passiert. Nun ja, ein Hauch von Nichts sieht anders aus, denken die Hunde, aber egal. Der Kampf muss vertagt werden. Was ein Glück, keine körperlich Verletzten. Dabei war es doch so friedlich bei den Hunden. Wirklich? War es das? Wer hat es denn mitverfolgt?

Es tippt sich leicht, aber ganz ehrlich, wer sich hier wiedererkennt, soll sich nicht angeprangert fühlen. Wir alle waren mal weniger hundeschlau. Lernen durch Misserfolg – na, wer hat das T-Shirt auch im Schrank hängen? Daher ist es ein Leichtes, nun zu berichten, zu hinterfragen, allerdings auch mal durch ein Fettnäpfchen zu schlittern. Lasst Euch einfach inspirieren und wir sind uns sicher, Ihr lieben Leser*innen, Ihr habt eine ganze Menge Gutes mit Euren Hunden am Start. Also lacht mit uns, denn niemand lacht über Euch. Wenn es tröstet, einige Dinge wurden im knallharten Selbsttest erlernt. Fragt uns – wir sind uns nicht zu fein, uns zu outen.

Was macht es mit dem Hund?

Solche Szenen – und sie sind leider fast eine Standardsituation auf vielen Gassirunden – erinnern an ein Spiel. Wer zuerst nach seinem Hund schaut, hat verloren. Oder, wie lange kann man Dinge ignorieren, bevor sie aus dem Ruder laufen?

Hunde, auch die »Tut Nixe«, tun alle eines mit Sicherheit – miteinander kommunizieren. Für viele Hundehalter ist es, als würden sie Uri Geller spazieren führen. Man sieht und hört nix und auf einmal ist der Löffel krumm oder der andere Hund rastet aus. Hunde sind sehr subtil in dem, was sie tun. Sie sind wie die Minimalisten unter den Sprachbegabten. Ohren einen Millimeter nach vorne, Rute etwas mehr hochgehalten – schon ist die Diskussion eröffnet. Der Mensch glaubt, wenn nichts knurrt ist alles hübsch, dabei findet die Unterhaltung ja schon viel früher statt. Die Schlägerei ist meist nur die letzte Chance, den Sack endgültig zuzumachen.

Wer kennt sie nicht, diese Spielrunden auf Hundewiesen, die von außen wie ein therapeutischer Stuhlkreis wirken. Freudige Menschen, die miteinander quatschen und die dazugehörigen Hunde machen ihr Ding – bis einer heult. Keiner hat es bemerkt, denn war ja lustiger Stuhlkreis angesagt. Dasselbe Szenario kennen wir vom Kinderspielplatz: Da blockiert Shanaya-Marie seit einer Viertelstunde die

Rutsche, und irgendwann zerren Marvin-Tobias und Kumpel Maurice-Paskall die Knödelfee am Haarschlubb von der Brüstung. Die Mütter schauen zu, es war ja bis dahin friedlich und wer hätte denn ahnen können, dass aus 15 Minuten die Rutsche blockieren eine Revolte der Windelträger wird!

Doch was nehmen die Hunde nach einem solchen »Spiel ohne Grenzen« mit nach Hause? Was bleibt übrig von diesem »Los, lass uns Freunde treffen?«

Hunde sind keine Mimosen, die – vorausgesetzt, sie können hündisch – sofort in ein tiefes Loch stürzen, nur weil es mal gekracht hat. Das muss man sich als Hundehalter vor Augen halten. Streit gehört zum Leben, Konflikte können zu neuen Lösungswegen und schlauen Strategien führen, aber ein Leben in der Dauerschlägerei ist wenig vielversprechend. Daher sollte man Dinge nicht überbewerten, jedoch auch nicht völlig übersehen oder ignorieren. Wenn wir unsere Hunde mit nach draußen ins wilde Leben nehmen, dann sind wir es, die ganz klar entscheiden, wie der Hase läuft.

Okay, ab und zu entscheidet der Hase auch mal selbst, doch beim Jagdverhalten sind wir hier noch nicht. Wir stellen den unkooperativeren Hasen vorerst hinten an.

Was zugelassen wird, was für den eigenen Hund in der jeweiligen Situation als angemessen erachtet wird, entscheidet stets der Mensch. Sollte er zumindest.
Der Freiraum für den eigenen Hund endet da, wo die Sorge des anderen Hundehalters oder des Spaziergängers beginnt.

Was bleibt hängen auf der Speicherplatte eines Hundes, der seinen Menschen noch nicht gut kennt, dann ungefragt eins vom Kollegen übergezogen bekommt und im Anschluss mit seinem hysterischen Besitzer hektisch das Spielfeld verlassen muss?

Aus Sicht des Hundes eine schwache menschliche Leistung: »Mein Mensch bringt mich in eine Situation, die er oder ich nicht regeln kann und gefährdet somit meine Gesundheit. Er lässt mich die Unarten eines Fellkollegen ausbaden und ich muss mich zur Wehr setzen, was aber mit Flexileine am Hals überhaupt nicht möglich ist.« Fazit – die Figur da oben kann nix! Noch dazu verpokert der Mensch innerhalb kürzester Zeit die psychische Unversehrtheit seines Schutzbefohlenen. Denn nicht immer prallt alles an einem Hund ab und als wäre das nicht schon Drama genug, kann im Vorbeigehen auch die vertrauensvolle Beziehung zum eigenen Menschen auf der Kippe stehen.

Der Sieger einer Prügelei sieht es gelassener. Er hatte vielleicht mehr Erfahrungswerte im Nahkampf, weil er vorher schon wusste, dass sein Mensch eher im Luftpumpenmodus agiert. Klarer Vorteil in der Fluppi-Ecke. Fluppi war zudem unangeleint und konnte zeigen, wie man Haken schlägt. Die Rechts-Links-Kombi war erste Sahne und nicht ohne Grund nennt man ihn den Balboa von der Rheinwiese. Fluppi nimmt es sportlich, wieder ein Sieg und eine Kerbe im Körbchenrand. Der Starke wird stärker – so ist das Leben. Das Gesäusel des Halters: »Alles gut, nix passiert!«, deutet Fluppi als Siegerehrung – was sonst sollte es sein?

Wir haben ja bereits zu Anfang gesagt, dass wir bewusst die Extreme bemühen. Natürlich kann der Besuch eines Hundeauslaufs von unschätzbarem Wert für Hund und Halter sein. Aber würde immer alles, für alle so perfekt klappen, dann würden wir auch nicht darüber schreiben. Es ist somit wie immer die goldene Mitte, die es gut oder weniger gut sein lässt. Für uns Halter gilt genau hinschauen, ob der Hund an diesen gemeinsamen Ausflügen genauso viel Freude hat wie der Mensch. Steter Tropfen höhlt den Stein und wenn es konstant schlecht für den Hund läuft, dann mag daraus ganz schleichend ein Verhalten entstehen, das uns irgendwann negativ überrascht.

Hundehalter unter sich

Die Glaubenssätze und Strategien gehen von »Die machen das unter sich aus!« bis hin zum »Nur mal kurz ›Hallo‹ sagen« an der Leine! Nichts, was es nicht gibt. Am Ende geht die Sicherheit wie immer vor und manche Situationen lassen sich nun mal nicht pädagogisch lösen. Der Zwergdackel muss nicht herausfinden, ob er gegen den Schäferhund bestehen kann. Und wenn sich eine Situation für den eigenen Hund als ungünstig herausstellt, dann kann man diese auch verlassen, bevor sie eskaliert. Wir Menschen haben doch Augen im Kopf, können weiter sehen als nur fünf Meter und so muss man nicht blind und ganz plötzlich in einen Krieg unter Hundehaltern hineingeraten. Oftmals passen wir einfach nicht genug auf, bekommen nicht mit, was um uns herum geschieht. Was dann passiert, ist sehr ärgerlich, ja unnötig und meist ein Resultat von fehlendem Respekt untereinander. Da müssen wir doch keine großen Analysen machen. Wenn jeder vor seiner eigenen Tür kehrt, ist die Straße sauber. Recht einfach!

Wir kommen immer wieder zurück zum guten Ton und dem wohlwollenden Miteinander. Wir müssen nicht verstehen, warum unser Gegenüber heute nicht Teil unseres »Lasst doch die Hunde spielen«-Projekts sein möchte. Ein deutliches »Nein danke, heute nicht!« sollte reichen, um klarzumachen, dass kein Kontakt erwünscht ist. Was könnten wir Konflikte vermeiden, würden wir etwas umsichtiger sein. Nicht wahr?

Doch wir Menschen glauben ernsthaft, es gäbe kein Konfliktpotenzial, wenn wir unsere Hunde ungebremst ineinander rempeln lassen. Schwer vorstellbar. Es scheint nur eines immer sehr klar zu sein: Der andere hat Schuld. Würden wir weniger Energie in scheinheilige Erklärungen für die »Das hat er ja noch nie gemacht«-Momente fließen lassen, dafür einfach innerlich nicken und zugeben, dass es eine Lücke in unserem System gibt, was wären unsere Hunde zufrieden. Ein Hund bleibt ein Hund und Tiere sind nie hundertprozentig vorhersehbar. Wir Menschen haben ein riesengroßes Talent darin, uns immer im falschen Moment die Schuhe zuzumachen, das Handy zu suchen oder sonst ein Alternativverhalten abzuspulen, schwups ist Lumpi übers Feld und nervt einen Jogger oder Wanderer. Das Leben ist einfach so. Jedem kann alles passieren, schwierig wird es erst, wenn einer die Geduld des anderen rigoros überstrapaziert und daraus dann pauschal alle Hundehalter in Verruf bringt. So etwas passiert leider immer noch zu oft.

Natürlich kann man nicht immer elegant die Bühne verlassen, wenn mal wieder der 30-kg-Hackklotz ungebremst in die eigenen angeleinten Hunde ballern möchte. So etwas kennen wir alle. Man ist weitestgehend machtlos, versucht zu retten, was zu retten ist, absoluter Horror. Nun stellt sich die Frage, wenn es jeder so fürchterlich findet, warum passiert es dann? Neue These: Wenn es mich nicht stört, dann ist es auch für andere okay. Nur so kann ein solches Verhalten erst zustande kommen. »Mir doch egal, wenn mein Hund vermöbelt wird, also lass laufen!« Ob wir da jemals ein sinnvolles Verhaltensmuster herausarbeiten können – fraglich.

Ungeachtet dieser extremen Szenarien, haben wir oft genug die Möglichkeit, Konflikte zu vermeiden und zu deeskalieren. Mensch-Mensch-Gespräche schaffen wir doch, sollten wir zumindest. Nicht direkt aggro nach vorne, sondern höflich und ansonsten mal debil lächelnd sich dezent hinter einem Baum drapieren – ist durchaus auch eine Möglichkeit. Sich stark machen für den eigenen Hund, ein breites Kreuz haben, eine klare Haltung beweisen und sich abgrenzen – ein erster Schritt in die richtige Richtung.

Das sagt sich so einfach, aber die mentale Einstellung muss erst einmal stimmen. Für uns ist eines ganz entscheidend: Die Hunde sollen bitte nicht vor uns Menschen rumstehen, rumsitzen oder rumhampeln. Wenn es eng wird, macht es Sinn, seinen Hund nach hinten zu platzieren. Es geht hier weniger um das Räumliche, als um das Umlenken der mentalen Energie des Hundes. Wo denkt der Hund hin? Ist er gedanklich permanent beim flatternden Schmetterling oder kann er sich von diesem abwenden und mit uns in Verbindung treten? Fragt er uns um Hilfe, um eine Lösung, ist er offen fürs Angesprochenwerden? Ein Hund, der hinter seinem Menschen steht, dennoch den Hals reckt wie eine Giraffe, um doch noch den anderen Hund oder den Hasen zu eräugen, ist nicht mit seinem Menschen verbunden – und um DIE Verbindung sollte es gehen.

Seinen Hund in einer Hundebegegnung körperlich und nach Möglichkeit auch mental aus der Verantwortung zu nehmen, ist ein guter Ansatz, um nicht noch mehr in die drohende Konfrontation zu schliddern. Optisch weg aus dem Blickfeld des anderen Hundes, kann oftmals schon eine Entschärfung der Situation bedeuten. Dann muss der, der angeflogen kommt, erst einmal am Halter vorbei. Es verschafft etwas Spielraum und zumindest erkennt der eigene Hund: »Mein Halter macht sich stark für mich, lässt mich nicht alleine im Nachthemd unter Feinden stehen!« Klar schreibt sich das so schön einfach, in der Realität dagegen, und das ist uns bewusst, scheitern viele Hundehalter an der Umsetzung. Übung macht den Meister! Nicht aufgeben und im täglichen Umgang mit seinem Hund austesten, wie man sich als »Schutzschild« präsentieren kann. Solange keine Gefahr droht, sind Trockenübungen hilfreich. Und manchmal ist es sinnig, den Rückzug anzutreten, nämlich dann, wenn man bei Mensch oder Hund erkennt, dass das Schützen der eigenen Brut zur Eskalation mit dem Gegenüber führt. Denn nicht jeder Fremdhund lässt sich problemlos wegschicken.

Wir fassen zusammen: Wenn jeder jeden blöd
findet, gibt es Zank und Löcher in den Ohren.
Streit ist normal und auch ein stückweit
gesund. Lösungen muss man selbst finden und
nicht auf andere warten. Niemand hat uns
gezwungen, einen Hund zu halten, alles frei-
willig. Selbst ist der Hundehalter und gut tut
der, der sich bemüht, sich weiterzuentwickeln.

Wir Menschen müssen einfach unser »Tut nix«-Verhalten in den Griff bekommen. Wir schauen zu, mutieren blitzschnell zum Beobachter unserer eigenen Veranstaltung und werden schlichtweg passiv. Fünf Hundehalter auf der Wiese in der Morgensonne bilden einen Kreis und beobachten verzückt, wie ihre fünf Hunde sich gegenseitig drangsalieren und der eine den anderen ständig besteigt. Und als die Langeweile zu groß wird, kommt zum Glück der Hase zum Gejagtwerden vorbei. »Ach, sind die nicht goldig, wie schön sie spielen!« Kennt Ihr das Bild, oder haben wir Euch direkt selbst erwischt?

Wir müssen immer die aktive Rolle gegenüber unserem Hund besetzen. Sicher, wir sind auch nur Menschen und wir machen Dinge falsch. Das ist nun mal so und kein Grund zu glauben, dass unsere Hunde uns permanent alles krummnehmen. So kleinlich sind Tiere im Vergleich zu uns Menschen nicht. Nur sollten wir darauf achten, dass wir nicht zu oft ins Fettnäpfchen treten, auch wenn es die Riemchensandalen hübsch geschmeidig hält.

Es wird immer deutlicher, wir kommen um den Chefposten nicht umhin. Wir sind nun also Chef oder besser gesagt, haben beschlossen, den Posten zeitnah anzutreten. Ziele entstehen ja erst einmal im Kopf, ob der Körper immer so folgen mag, ist fraglich. Aber es sollte uns helfen klar zu entscheiden, welches Verhalten wir in den nächsten zehn bis zwölf Jahren von unserem Hund unter keinen Umständen erleben möchten. Klären wir doch die Eckpfeiler unserer Mensch-Hund-Beziehung direkt. Wer seine Position erkannt hat und diese auch einnimmt, hat gewiss einige Probleme weniger.

Die Sache mit der Freizeit

Wie geht Freizeit eigentlich? Wie definieren wir diese am besten für unseren Hund?

»Lösen Sie doch bitte einmal Wohlbehagen bei Ihrem Hund aus!« – »Bitte, was?«

Ein sehr effizienter Einstieg in die Sache mit der Freizeit. Achtzig Prozent der Hundehalter greifen auf diese Aufforderung »Wohlbehagen auszulösen« beherzt in die Tasche und zaubern einen Ball oder irgendein anderes Lieblingsquietschie hervor. Aha, Gegenstände sind also Wohlbehagen. Wer hat sich hier gerade wiedergefunden? Menschen sind nicht besonders gut darin, ohne Hilfsmittel zu agieren. Ohne Kekse wird's hektisch, ohne Spielzeug kommt der Hund nicht bei – kennen wir alle. Einfach nur gemeinsam »SEIN«, dicht beisammen auf der Bank sitzen oder auf der Wiese, ganz unaufgeregt den anderen mal spüren und wahrnehmen – probiert es mal aus. Entspannung und Vitamine für die Seele pur.

Kleiner Hinweis an die »Mein Hund mag das nicht und spielen tut er auch nicht«-Hundehalter: Es braucht ab und zu Zeit, um diese gemeinsame Ruhe zu erlangen. Es ist wahrscheinlich wie mit dem Yoga: Hektisch zum Yogakurs gesprintet, keinen Parkplatz gefunden und dann soll man seine innere Mitte finden und in sich hineinhören – tolle Idee. Aber wer den Kurs gebucht hat, der bleibt, nimmt die Ruhe der anderen wahr und schwups geht sogar der eigene Puls runter. Nicht, nachdem man hysterisch in die Sportklamotten gehüpft ist und festgestellt hat, dass man seine Isomatte vergessen hat.

Jedoch dann, wenn sich alles gefunden hat (auch eine Leihyogamatte) – dann kommt man an und jede Übung bewirkt etwas Gutes. Also dranbleiben und dem Hund die Chance geben, uns als Freizeitpartner mit Wohlfühlfaktor abzuspeichern. Lohnt sich durchaus. Hunde müssen sich auch erst einmal auf uns einlassen und lernen, wie es ist, mit uns zu spielen und abzuhängen. Denn auch hier gibt es Grenzen, die der Mensch vorgibt. Spielen und hinterher einen Riss im Oberarm, das kommt nicht gut. Es ist wichtig, dass Hunde sich uns gegenüber öffnen, uns vertrauen, sich auf uns einlassen, und dennoch damit zurechtkommen, dass wir bestimmen, wie unsere Interaktion mit ihnen aussieht. Das Miteinandersein ist ein Lebensgefühl der Sonderklasse. Ein großes Thema bei der »Zusammen abhängen«-Kiste ist die Gesichtswahrung. Wer gibt schon zu, dass er als Halbstarker Spaß mit Mutti hat? Nähe zulassen oder sich mal stillschweigend anlehnen, letztendlich ist doch alles Kommunikation.

Das Spiel mit dem Feuer

Das Thema »Gegenstände werfen« handeln wir nur knapp ab. Schließlich wollen wir noch auf den flüchtigen Hasen zurückkommen. Also, »Dinge werfen« und »Jagen gehen« kommen hier kurz zum Zug:

Wir sind keine großen Fans vom Verwenden diverser Wurfgeschosse. Warum? Weil es beim »richtig« veranlagten Hund Verhalten auslösen kann, das wie ein Tischfeuerwerk explodiert. Das betrifft natürlich nicht alle Hunde. Es gibt Hunde, die holen mal ein Bällchen oder eine Frisbee und wenn das Spielzeug nach dreimal Rennen wieder in der Tasche des Halters verschwindet, ist es auch damit getan. Doch leider beobachten wir immer noch sehr oft, dass aus dem angebotenen Bewegungsreiz unerwünschtes Verhalten wird. Auf dieses Thema werden wir später noch einmal bei Manny und Rocky zurückkommen.

Wenn Kunden uns mit glänzenden Augen davon berichten, dass sie ihren Hund super über das Schwingen einer Ballschleuder auslasten, dann spannt sich erst einmal alles in uns an. Auf die Frage »Wenn der Ball fliegt und der Hund losrennt, können Sie ihn dann stoppen, bevor er den Ball erreicht?«, erleben wir meist nur ungläubiges Starren. »Wie, jetzt? Der rennt dann doch volle Lotte dahin, ohne zu bremsen!« Genau da liegt unser Problem mit den Wurfgeschossen. Je öfter der Mensch bewegliche Reize ins Spiel bringt und dem Hund signalisiert, dass wahlloses Hinterherrennen absolut in Ordnung ist, umso unkontrollierbarer kann das ganze Unterfangen werden. Wir wollen hier nicht in die Details der Hormone und der Belohnungszentren eintauchen, allerdings sei gesagt, dass es bei bestimmten Hunden irgendwann egal ist, ob dem Bällchen hinterhergesprintet oder der Hase gehetzt wird. Wenn es wegfliegt oder weghuscht, fällt für viele der Startschuss zum Sprint. Ob der Hund dabei eine Straße überqueren muss oder zu spät erkennt, dass der bewegliche Reiz nicht sein Spielzeug, sondern ein flatterndes Sommerkleid auf einem Fahrrad ist, egal. Um dem Hasen noch eine etwas größere Lobby zu verschaffen, sei noch erwähnt, dass die Aussage »Der bekommt den Hasen oder das Reh eh nicht!« absolut irrelevant ist. Es geht nicht ums Bekommenkönnen, sondern ums Habenwollen, inklusive des Hormonrauschs des Hinterherhetzens. Wenn Wunsch und Erfolg zusammentreffen – dann kommt es zu einem fröhlichen Horrido und Waidmannsheil und in erster Linie einem warmen »Hallo« an den Tierschutz, dieser gilt nämlich nicht nur für Hunde! Wir Menschen können durch unser Zutun dafür Sorge tragen, dass sich unerwünschtes Verhalten beim Hund erst gar nicht zu sehr etabliert, denn Verhalten entwickelt sich (weiter). Wer meint, Hetzen hat nur etwas mit Wild zu tun, der täuscht sich. Das Erarbeiten einer soliden Basis und sich darüber im Klaren sein, dass es Hunde gibt, die das Spiel mit dem Feuer weniger gut abkönnen, ist unsagbar wichtig!

Ganzjährig im ClubMed

Nun aber zurück zur Freizeit mit dem Hund und was das eigentlich bedeutet. Es gibt also die gegenstandsbezogenen Freizeitler und die mit »Bring-Glanz-in-die Augen-Deines-Hundes-Plan« ganz ohne Wurfgeschoss. Dann gibt's noch jene Hundehalter, die Freizeit gar nicht definieren, da ihr Hund ohnehin immer macht, was er will. Hund führt halt ganzjährig ein Leben im ClubMed, all Inclusive mit privatem Animateur. Das mag entspannt sein, aber wie schon geschildert, leben wir Hundehalter ja nicht isoliert, sondern treffen auf Mitmenschen. Somit muss es irgendwann zwangsläufig eine Auszeit von der Auszeit geben und hier kann es schnell unschön für den Hund werden. Er hat nichts gelernt, weil er ja ein ClubMed-Abo zum Einzug geschenkt bekommen hat und dann auf einmal soll irgendwas sofort funktionieren? Der Mensch wird ungehalten, weil der Cluburlauber nicht aus dem Pool will und somit haben alle Frust. Peinlich ist es auch, wenn der Hund einen einfach stehen lässt, wobei hier diejenigen glücklich sind, die kein Problembewusstsein entwickelt haben. Fast die bessere Variante für den Hund. Er kann nichts und der Mensch will auch nichts, nicht einmal, wenn es wirklich angebracht wäre. Der Hund gängelt einen Passanten und will die Freigabe von Essen erpressen, der Hundehalter ist nicht einmal ansatzweise bemüht, einen Erziehungsversuch zu heucheln – läuft Bombe für den Hund. Aber hey, das ist zumindest eine konsequente Haltung. Den Hund anpampen und innerlich denken: »Mir doch egal, ob der Harro Dich anhüpft, Du Clown!«, ist wenig authentisch und Hunde wissen, ob wir Menschen es ernst meinen. Dennoch geht die Unversehrtheit unserer Mitmenschen vor! Gut, dass wir darüber gesprochen haben.

Freizeit mit dem Hund ist nicht gleichgestellt mit »alle Regeln sind außer Kraft«. Ein Mindestmaß an Kontrolle darf bestehen bleiben. Als Faustregel könnte man sagen, dass die Freiheit des anderen nicht eingeschränkt werden darf. Klingt fair und lässt sich gut merken.

Urlaubsdemenz

Es gibt Dinge, die können wir einfach nicht begreifen. Dazu gehört, dass Hunde im Urlaub ihrer Menschen anscheinend spontan dement werden. Der Mensch macht eine Bildungsreise, stammelt in der neu erworbenen Fremdsprache hochmotiviert unsinnige Sätze und parallel dazu wird der mitgenommene Hund dumm im Kopf. So oder so muss es ja sein, denn warum hören wir sonst immer wieder von Hundehaltern den Satz »Wir waren drei Wochen in der Lüneburger Heide, da ist doch logisch, dass der Frido alles vergessen hat!« Ach, wirklich? Lag es am Heidekraut? Was davon geraucht?

Was ist denn im Urlaub mit Hund anders?

Darf der Hund an der Leine zerren und pöbeln, weil man in Meran keinen kennt? Darf er im Hotel an den Türrahmen pinkeln, weil da ja Personal mit Putzlappen vorhanden ist? Darf er alles jagen, was er so auf der Strandpromenade zu fassen bekommt? Echt jetzt? Wenn das so ist – wir machen direkt Urlaub!

Was ist denn da los, in diesem Urlaub? Nichts Sinnvolles für den Hund, so schätzen wir. Wir sind doch für unseren Hund verantwortlich, egal wo wir sind. Es gibt Grenzen, die nicht überschritten werden sollten, zum Schutz der Umwelt, zum eigenen Wohl und aus Fairness zum Hund. Wenn der Frido im Urlaub mal mit aufs Sofa darf, weil Frauchen morgens nicht ins Büro muss, dann ist das ja kein Drama. Aber wie schafft man es denn, drei Wochen lang alles schleifen zu lassen? Es gibt doch Umwelt, die stattfindet, und somit müssen wir uns auch weiterhin einbringen, damit es für den Hund gut läuft.

Hätte man Freude am sinnvollen Umgang mit seinem Hund, dann müsste man nicht FREI machen von der Erziehung seines Vierbeiners. Der Mensch macht blau und der Hund hat am Ende Schuld. Glückwunsch!

»Also, das muss jetzt aber nachgearbeitet werden!« Blöd, wenn einem seine Auszeit vom Miteinander mit dem eigenen Hund aus den

Fugen gerät. Jagen am Strand war egal, zu Hause auf einmal wieder unerwünscht – wer hätte das ahnen können. Wieder daheim und Herr der dreckigen Urlaubswäsche, wird nachgesessen! Denn so geht es ja nicht. Nur, weil Mensch beim Töpfern in der Provence seinen Hund hat machen lassen, was er wollte, bedeutet das noch lange nicht, dass man das Führungszepter abgibt. Nee? Sah für den Hund aber drei Wochen lang so aus. Wir sind verwirrt, der Frido auch.

Dazu kommt die pausenlose Verfügbarkeit des Halters. Normalerweise ist dieser ja stundenweise außer Haus. Auf einmal bleibt jeder liegen, der Hund darf sogar mit ins Bett und es gibt morgens ein Brötchen vom Tisch – so schön, wenn man frei hat! Dann ist der Urlaub vorbei und der Mensch wird nörgelig, weil er die Folgen seiner inkonsequenten Haltung zu spüren bekommt. Für den Hund geht der Urlaub weiter, denkt er doch, es wäre das neue Lebensmotto. Wie Hund sich so irren kann.

Es ist unfair, seinen Hund in die Mangel zu nehmen, wenn man sich vorher aus dem Geschehen verabschiedet hat. Wie glaubwürdig sind wir als Halter für unseren Hund, wenn wir in Badeschlappen wochenlang rumluschen und dann behaupten, wir hätten ein Diplom in Besserwisserei rund um den Hund. Lächerlich!

Wenn der Chef am Ballermann Eimersaufen macht und ihm alles egal ist, er dann aber nach dem dritten Eimer wieder im Nadelstreifen die Besserwisser-AG übernehmen möchte, wer hätte da noch Respekt? Schwierig, nicht zu kichern, wenn man dem Typen danach wieder den Kaffee in der Chefetage anreichen soll, oder? Die Bilder vom halbnackten Tabledance im Feinrippschlüpfer, sie bleiben – da kann man erzählen, was man will!

Wer mit seinem Hund urlaubt, der sollte sich darüber im Klaren sein, dass sich zwar der Aufenthaltsort verändert, unsere Hunde uns dennoch als IHRE Menschen brauchen.

Auch wenn es wieder Kinderschminken für Erwachsene in der Ferienanlage gab, unsere Hunde haben kein FREI von ihren Bedürfnissen. Kompetenz trotz Clowngesicht, machbar, oder?

Eigeninitiative unerwünscht

Das andere Extrem, was wir immer wieder beobachten ist, dass Hunde oftmals keinerlei Freizeit mit ihrem Menschen erleben dürfen, da alles, was mit dem Hund unternommen wird, einem Arbeitseinsatz gleicht. Dauerkontrolle, alles wird kommentiert, bewertet und der Hund kommt vor permanenter Ansprache nicht einmal dazu, an einem Grashalm zu schnüffeln. Die Angst des Halters überschattet alles. Der Hund muss hören, ob es Sinn macht oder nicht. Es wird erst gar nicht beobachtet, ob ein Einwirken erforderlich wird, nein, es wird prophylaktisch alles untersagt oder im Keim erstickt. Eigeninitiative unerwünscht! Für uns sind das die wahren »Tut Nixe«. Hunde, die mit gesenktem Haupt durch die Umwelt trotten und wenig von sich zeigen. Ist eh alles verboten, dann kann man auch jegliche Aktion einstellen. Der Besitzer ist stolz, dass er seinen Hund so toll führen kann und dieser so gut gehorcht. Den leeren Gesichtsausdruck des Hundes nimmt der Halter gar nicht zur Kenntnis. Das Erziehungs-Navi sagt, er hätte sein Ziel erreicht. Na bravo!

Gibt es denn wirklich nichts dazwischen? Wie bekommen wir es hin, dass ein »hab frei« nicht in ein »mach blau« umschwenkt?

Kleinster gemeinsamer Nenner: Hin- oder Zuhören

Machen wir uns nichts vor, ohne Erziehung geht es nun einmal nicht. Aber Erziehung bedeutet nicht, dass der Hund im »Sitz«-, »Platz«-, »Fuß«-Modus marschieren muss. Es geht nicht um das perfekte »Sitz« im korrekten Winkel zum Laternenpfahl. Die Basis oder der kleinste gemeinsame Nenner ist doch das Hin- oder Zuhören. Die allseits so beliebte »Basis«. Mit ihr steht und fällt alles. Kein Haus bleibt aufrecht, wenn der Keller bröselt. Also sollten wir doch erst einmal damit beginnen, unseren Hunden unsere Vorstellung des Zusammenlebens zu erläutern. Ja, ausschließlich Spaß haben wäre sicher einfacher. Wir sprechen nicht über ein Leben im Dauerverbot, sondern ausschließlich über einen soliden Rahmen. Klarheit und Fairness, das ist ein guter Anfang. Denn je mehr unsere Hunde erkennen, dass wir Sicherheit bieten, umso besser können sie sich auf uns einlassen. Ein solides Maß an Struktur ist wichtig, so können wir Verbote und eng gesteckte Grenzen auch wieder etwas lockern.

Ein gutes und verbindliches Miteinander, ermöglicht dem Hund die größtmögliche Freiheit.

Es ist uns ganz wichtig, dass hier nicht der Eindruck entsteht, wir wären frei von Fehlern. Nein, auch wir sind Menschen mit Hunden. Wir wissen um die Risiken und Nebenwirkungen, Emotionen und fachlich korrektes Handeln – man könnte es als »Das Universum schlägt zurück« beschreiben. Nur weil wir es wissen, heißt es noch lange nicht, dass wir es in unserem privaten Bereich ebenso perfekt umsetzen. Wir sitzen alle im selben Boot. Hunde verbinden uns, bereichern, unterhalten, trösten und sind unsere felligen Verbündeten. Natürlich fällt es schwer, den Chef raushängen zu lassen. Rumblödeln und versuchen, Pudding an die Wand zu nageln, das wär's doch. Was für ein Leben. Die gute Nachricht ist, je strukturierter wir mit unserem Hund agieren, umso schneller gibt es Pudding für alle. Das ist doch eine reizvolle Perspektive. Und man muss seinem Hund auch nicht konstant alles verbieten und mies machen.

Wir nehmen uns manchmal viel zu ernst, sind verbissen und fühlen uns sofort in unserer Ehre gekränkt, wenn der Hund einmal nicht gehorcht. Wichtig ist, dass wir das Verhalten unserer Hunde nicht persönlich nehmen. Hunde agieren nicht gegen uns, sondern für sich, zu ihrem Vorteil. Sie reagieren auf unsere Stimmung, unsere Körpersprache, das Umfeld. Und nur weil ein Mensch heute einen Zwergenaufstand mit seinem Hund hatte, bedeutet es nicht, dass er inkompetent ist. Lernen braucht Zeit und bis dahin gibt es viele Aufs und Abs.

Herr bzw. Frau der Lage

Zäumen wir das Pferd doch einmal andersherum auf: Alles ist so lange erlaubt, bis es verboten wird!

Eine überschaubare Regel. Können wir ein Verhalten sofort beenden, wenn es uns heute in dieser einen Situation nicht gefällt? Oder ist es ein Selbstläufer geworden und unser Einwirken wird vom Hund nur mit Ignoranz gewürdigt? Wie steht es damit? Eine nicht ganz unerhebliche Frage. Na, wie sieht es aus beim Löcher buddeln, beim Betteln, beim Klingeln an der Haustür oder beim Postboten anbellen? Es ist überhaupt kein Thema, wenn es einem egal ist, dass der Hund die Schuhe aus dem Regal räumt und im Haus verteilt. Aber kann es beendet werden, wenn ausnahmsweise mal ein Paar Manolo Blahnik zur Schuhsammlung hinzugefügt wurden? Dann würde das süße Schuhklauspiel hurtig an Niedlichkeit verlieren, oder? Amüsement weicht blankem Entsetzen. Und ja, es können auch neue Aigle

Gummistiefel sein, wenn Fesselriemchensandalen zu weit weg von der Realität sind.

Ebenfalls ein Aspekt rund um die Erziehung ist, dass wir das Klassenbuch und somit auch den Stundenplan unserer Hunde fest in der Hand halten sollten. Nur wir entscheiden, wie schnell wir unsere Erziehungswünsche – dem Hund angepasst – erfolgreich umsetzen können. Das ist doch toll, nicht wahr? Ein gewisser Notstand kann hier als Motivation sehr effektiv sein. Sicher gibt es Themen, die nicht in zwei Wochen komplett verschwinden, aber wir können doch recht schnell lernen, mit Ecken und Kanten umzugehen. Dann ist das störende Verhalten beim Hund zwar nicht weggezaubert, es wird allerdings auch nicht schlimmer. Denn man lernt dazu, wird entspannter, macht seine Etappenziele klar und dann kommt auch die Zielgerade irgendwann in Sicht. Dranbleiben lautet die Devise. Wenn wir es dann noch schaffen, die Aussage »Lieb soll er sein!« als Erziehungsziel etwas mehr zu konkretisieren, dann haben wir einen entscheidenden Schritt gemacht.

Einen Schritt zu weit …

Wie wird nun aus einem »normalen« Hund ein »lieber« Hund? Was zeichnet den »lieben« Hund aus? Ist das einer, der alles aushält, der alles mit sich machen lässt, keine Reaktion mehr zeigt? Ist das dann lieb genug? Wir haben das Thema mit dem mental abgewanderten Hund schon grob angesprochen. Es fällt uns Menschen schwer, die eigene Position gegenüber dem Vierbeiner klar einzunehmen oder zu definieren. Dennoch kommen wir sehr selbstbewusst mit einer Verhaltenswunschliste um die Ecke.

Lieb soll er sein, der Hund, den alle wollen. Doch wir würden »lieb« eher »profillos« nennen. Denn ein Hund, der nichts tut, nie etwas für sich beansprucht und nur hinnimmt, der ist nicht lieb, sondern hat sich vom eigenen Sein verabschiedet. Traurig, wenn man einmal genauer darüber nachdenkt.

Es ist absolut legitim, seinen Willen durchzusetzen und die Führung in der Mensch-Hund-Beziehung zu übernehmen. Doch geht es so weit, dass ein Hund sich nichts mehr traut, dann ist die Kontrolle wohl etwas aus dem Ruder gelaufen. Nehmen wir den Hund, der stundenlang vor dem Futternapf wartet, weil Frauchen vergessen hat, ihr »Okay« auszusprechen. Frauchen ist stolz, dass der Hund stumpf die Zeit abgesessen hat, bis ihr einfiel, dass sie das Abendessen noch nicht freigegeben hat. Wir hingegen sind erschüttert über Hunde, die hilflos vor dem Napf verhungern. So gibt es unterschiedliche Ansichten und Ansprüche, aber die Frage nach dem »Muss das denn wirklich sein?«, wird wohl erlaubt sein.

> *Wer seinen Hund in die Hilflosigkeit gängelt,*
> *ist unterm Strich nicht nett zu seinem Tier!*
> *Denn wir sind es doch, die anleiten und den*
> *Rahmen für ein sicheres, soziales Zusammen-*
> *leben bieten sollen. Warum dann so kleinlich*
> *werden und Angst davor haben, dass der Hund*
> *einmal etwas selbst herausfindet? Ist es nicht*
> *die Teamfähigkeit, die wir bei unseren Hunden*
> *so sehr schätzen?*

Ein gutes Miteinander entsteht nicht durch permanente Reglementierung. Nutzen wir die Fähigkeiten unserer Hunde für gemeinsame Ziele. Und wer etwas gerne für den andern tut, der darf auch einmal ein Snickers vor dem Abendbrot essen, oder? Zu lernen, einmal Fünfe gerade sein zu lassen – unbezahlbar. Ein gutes Lösungsfindungsverhalten beim Hund ist zehnmal mehr wert als ein schwammiges »lieb sein«.

Training abgeschottet hinterm Zaun

Eine klare, aber eben auch realistische Zielsetzung – das macht das Training, respektive Leben mit dem Hund erst erfolgreich!

Uns Menschen ist oftmals zu wenig bewusst, dass Verhalten beim Hund entsteht, während wir etwas ganz anderes versuchen zu üben. »Sitz, Platz, Fuß«, da sind wir stets sehr engagiert, aber was genau bewirkt unser statisches Trainieren beim Hund im Hinblick auf die unberechenbare Welt? Der Mensch wiederholt monotone Abläufe. Immer und immer wieder geht es um ein und dieselbe Sache. Greifen wir zur Veranschaulichung ein beliebtes Prüfungsschema auf. Es scheint nichts Wichtigeres zu geben, als dass der Hund sich korrekt neben seinen Halter setzt, wenn dieser aus dem Marschschritt heraus abrupt stehen bleibt. Eine gängige Szene aus dem Hundesport. Was lernt der Hund und was macht das Leben daraus? Der Hund weiß, dass sein Mensch in dieser Übungssituation voll konzentriert ist, auf ihn achtet, jedes Detail lobt oder kritisiert. Nun haben wir unserem Hund beigebracht, auf unserer Höhe im Stechschritt zu marschieren und ein »Sitz« auszuführen, wenn wir stehen bleiben. Der Mensch läuft weltfremd Muster in den Rasen und erfreut sich, dass er seinen Hund im Griff hat. Lassen sich diese Trainingserfolge ins reale Leben übertragen oder bleibt ein Üben nach Prüfungsordnung schlichtweg ein netter Versuch, sich in Sicherheit zu wiegen?

Wir unterscheiden nicht zwischen Alltag und Training, außer wir trainieren etwas Zielgerichtetes. Aber wer springt im Alltag schon über Hürden, wenn er mit dem Vierbeiner um die Ecken geht, oder braucht perfektes Vorstehverhalten, wenn der Hund mal mit ins Restaurant genommen wird.

Was wir allerdings immer und überall benötigen ist, dass der Hund uns vertraut und uns als souverän empfindet. Stimmt die Kommunikation zwischen Hund und Mensch, dann gehen viele Dinge auch spontan auf Zuruf, ohne viel zu üben. Was unterscheidet denn schon ein »Sitz« hinterm Zaun vom Hundeplatz von einem »Sitz«, das der Mensch auf dem normalen Spaziergang einfordert? Für den Hund nichts. Dass der Halter gerne zwischen wichtig und unwichtig differenziert, da es heute ohne Publikum keine Urkunde gibt – das kann es für den Hund schwierig machen. Ist das fair? Wenn Grün heute Blau ist und Gelb morgen Lila, wer will denn das noch am Ende der Woche nachvollziehen? Bleiben wir doch einfach geradlinig und verlässlich für unseren Hund, mit oder ohne Pokal und Zeugnis.

Herr von Papendorf

Statten wir einmal Herrn von Papendorf einen Besuch ab. Wer das ist? Na, einer von vielen Hundehaltern, die ein aktives Leben mit ihrem Hund schätzen und lieben. Er ist gesellig und genießt die aktiven Wochenenden mit seinem Hund. Der Verein und dessen Mitglieder sind wie sein zweites Zuhause, eine Art Familie. Neben dem Hundesport und dem Verein ist Herr von Papendorf ganz verzaubert von Frau Giesebrink. Sie ist die Schönheit am Sparkassenschalter im Ort und seitdem diese adrette Frau die Banknoten anreicht, ja seitdem ist es um Herrn von Papendorf geschehen. Er hat mittlerweile drei unsinnige Bausparverträge, nur weil diese nicht am Schalter, sondern im separaten Büro von Frau Giesebrink abgeschlossen werden. Romantik pur! Die zwei Bausparer treffen sich nach etwas Warmlaufzeit auch privat. Gemeinsame Spaziergänge mit dem Hund sind ein fester Bestandteil des Paarprogramms. Frau Giesebrink mag den Hund von Herrn von Papendorf, dieser mag Frau Giesebrink und der Hund mag gerne Gassigehen. Alle drei Beteiligten haben offensichtlich etwas von der Situation. Herr von Papendorf hat heute sein neues kariertes Hemd an und die Weste vom Hundeplatz hat frei, baumelt luftig an der Garderobe – Sonntag ist erst wieder »Sitz, Platz, Fuß« – Zeit zum Lüften also.

Es wird geschlendert, sich angeregt unterhalten, in die Bäume geschaut – ach, herrlich so ein freier Tag! Fast unbemerkt zeichnet sich eine Hundesilhouette am Horizont ab. Ein weiteres Mensch-Hund-Gespann tritt auf die Lichtung. Auch dieser Hund ist angeleint, also alles gut. Zwei Gespanne, die sich mit angeleinten Hunden begegnen, kontrollierte Situation, so möchte man meinen. Warum sich also einbringen? Die Beiden schlendern entspannt weiter, sind mit ihren Gedanken bereits bei der Käsesahne, die es im Anschluss an den Spaziergang geben wird, die macht Lizbeth selbst. Sie sind übrigens per Du, das hat Lizbeth dem Arno in einer kleinen Prosecco-Laune angeboten. Herrlich. Da Arno ja zweimal wöchentlich »Sitz, Platz, Fuß« und »Hock Dich, wenn ich aufhöre zu staksen« mit seinem Hund übt, hat er fest vor, auch in der nahenden Hundebegegnung an seinem Schema festzuhalten. Das fremde Gespann rückt näher, noch näher, ganz dicht und »bingo« – es wird laut, einer stürzt und alle sind irritiert. Nun ließe sich wild spekulieren, dass es womöglich etwas ungünstig war, die »Ich bleib stehen, also setz Dich«-Hundeübung in der Mitte des Weges vorzuführen, während ein anderer, fremder Hund passieren muss. Es könnte aber auch daran gelegen haben, dass der andere Hund einfach das Übungsschema von Arno nicht kannte und nur höflich nachfragen wollte, ob er mitmachen darf. Vielleicht war es aber auch lediglich die fast schon süffisante Art von unserem Arno, in der er es dem anderen Hundehalter mal so richtig zeigen wollte, wie cooles Rumstehen nach Schema A in Perfektion aussieht. Wie gesagt, reine Spekulation! Fakt ist, Arno hat sich den Ellenbogen aufgeschürft, das neue Hemd ist hin, Lizbeth heult und der andere Hundehalter ist sicher, alles richtig gemacht zu haben! Sein Hund hätte schließlich nur mal kurz »Hallo« sagen wollen. War ja auch eng auf dem Waldweg und letztendlich gehört der Wald ja allen! Eine Situation, die man glaubt gewuppt zu haben, zur Eskalation zu bringen, das muss man erst einmal hinbekommen.

Das Leben bleibt ein guter Lehrmeister

Wir Menschen bewegen uns durch die Welt wie Maulwürfe am Badestrand ohne Sonnenbrille. Ich sehe es nicht, somit existiert das Problem auch nicht. Worum es bei dieser Geschichte aber im Grunde geht, ist, dass wir aufpassen sollten, wie wir unseren Hunden Wissen vermitteln.

Was passiert, wenn der Hund nur lernt, unter Vollobservation im luftleeren Raum Anweisungen zu befolgen und diese Ansagen im »Bummelmodus« schlichtweg vom Hundehalter vergessen werden? Wird der klassische Hundeplatz langsam zum Dinosaurier? Ist er zum Aussterben verdammt, da alles, was hinter dem Zaun klappt, auch in Wirklichkeit hinter dem Zaun bleibt? Entspricht ein Absolvieren von statischen Übungen noch unserem schnellen und anspruchsvollen Alltag mit Hund? Sind wir bequem und wollen nicht raus aus der Komfortzone? Sind wir mit »Auf dem Hundeplatz funktioniert's« zufrieden, auch wenn wir beim normalen Gassigehen insgeheim erkennen, dass nichts so richtig klappt?

Es ist nachvollziehbar, dass der schnelle Erfolg aufgrund der reizarmen und sicheren Trainingsumgebung auf einem eingezäunten Gelände verlockend ist. Doch ist es das erklärte Ziel? Vieles dreht sich um die Zusammenhänge, die oftmals unterschätzt werden. Es ist halt nicht alles gut, nur weil wir einmal die Woche einen Aktivtag mit unserem Hund unter Aufsicht absolvieren. Das Leben ist und bleibt ein guter Lehrmeister. Vieles erkennen wir erst dann, wenn wir einen eleganten Sturz in freier Wildbahn hingelegt haben. Lernen tut weh – das wissen wir nur zu genau. Wer kennt es nicht! Man meint, alles unter Kontrolle zu haben, da man viel Zeit und Mühe in seinen Hund investiert hat und glaubt, dieser sei gut vorbereitet, denn im Training klappt es doch so gut und dann, dann kommt der Gedanke an die Käsesahne dazwischen. Wir Menschen lassen eben auch mal den Gedanken freien Lauf, das ist normal und auch unser Gehirn braucht eine Pause von der Verantwortung im Job. Sind wir deshalb inkompetente Hundehalter? Nein! Fehler passieren, egal wie flott man daherkommt.

Kennt Ihr das? Du hast deinen Hund an der kurzen Leine, stehst verträumt am See und wirfst dann einen Keks, Stock oder sonst etwas ins Wasser. Waterboarding selbst gemacht, ein Klassiker! Der Gedanke war super, jedoch die Ausführung fragwürdig. Jeder hat doch schon einmal eine Nummer gebracht, bei der hinterher nur der Wunsch übrigblieb:»Hoffentlich hat mich dabei keiner gesehen!« Stimmt's? Leider enden solche selbst verursachten Totalausfälle oftmals mit Gezeter und Geschimpfe in Richtung Hund.

Lieber getadelt als einmal gelobt

Gehen wir noch einmal zurück zu der unschönen Hundebegegnung von unserem Kumpel Arno. Der Mensch hat nicht aufgepasst, war sich zu sicher, dass sein Champion alles wie auf dem Hundeplatz abliefert – war aber nicht so. Wie gehen wir mit solchen Niederlagen vor Publikum um? Wir nörgeln und schimpfen vor uns hin. Einer muss Schuld haben, sonst wissen wir mit unserem Frust und unserer Scham doch gar nicht wohin. Die Rumpelstilzchen-Methode, rot anlaufen und Bein ausreißen ist nicht zeitgemäß, der Zorn muss aber raus. Ein echtes Problem. Also wird im Nachhinein der planlose Hund noch einmal gemaßregelt, um rückwirkend zu verdeutlichen, wer das Sagen hat.»Pfui ist das, aus, aus, und jetzt bei Fuß!« Leine wutschnaubend dreimal ums Handgelenk gewickelt, Stechschritt und ruckeldiruck Schema A laufen. Das kann der Mensch unter Stress gerade noch abrufen, hat er ja auch geübt. Ganz auffällig ist das Gurtgewickel! Wir könnten Seminare mit dem Thema füllen:»Zeige uns, wie oft Du Deine Leine ums Handgelenk wickeln kannst und wir sagen Dir, wie Du Dein Führungsproblem in den Griff bekommst!« Übertragen wir die innere Unsicherheit wirklich auf den Rollladengurt am Handgelenk? »Es wieder in den Griff bekommen, die Zügel wieder in die Hand nehmen«, das sind vertraute Redewendungen, oder? Emotional total hochgedreht, verschafft der Hundehalter sich nun Luft. Der Hund wird zum Statisten, es geht dem Menschen um Wiedergutmachung. Fünfe gerade sein lassen, es fällt uns in Bezug auf unsere Hunde wirklich nicht leicht. Sie bedeuten uns viel, lösen entsprechend viel bei uns aus und wie anfangs schon geschildert, überall lauern potenzielle Fachleute, die uns kritisieren könnten. Das wollen wir nicht. »Dein Hund gehorcht nicht!« – der bemühte Hundehalter ist bei solchen Aussagen kurz davor, in eine Papiertüte zu atmen. Wäre auch eine Marktlücke die »Kritik-von-außen-wegatmen-Tüte« in rosa oder bleu erhältlich. Wir behalten das im Hinterkopf, sollte das Buch schlecht ankommen, satteln wir einfach um!

Der rückwirkend angemaulte Hund denkt wohl nur noch: »Lass ihn mal, er hat die Autoschlüssel und ich will nach Hause zum Abendbrot!« Dabei sollte eine »Ansage« möglichst im Vorfeld gemacht werden und etwas bewirken. Nicht wie hier – nachtragend, unsouverän, gedankenlos, unfair –, denn der Fehler lag eindeutig beim Menschen. Der Hund tat das, was er aus Hundesicht tun musste. Es ist wie mit dem Loben, es ergibt Sinn, wenn man es richtig dosiert. Aber was machen wir daraus?

Klappt alles gut mit unserem Hund, verstummen wir und suhlen uns in einer Art Pfütze der Genugtuung. Wir haben es trainiert, also muss es ja klappen. Haben wir eine Schwachstelle entdeckt, natürlich zu spät, sonst hätten wir ja die Lücke nicht in den eigenen Reihen, na da können wir aber ruppig werden. Lieber laut gemault als einmal freundlich in Richtung Hund genickt. So beobachten wir es oftmals.

Nett ist viel schwieriger als ruppig. Wobei wir auch feststellen, dass wir Menschen, wenn uns die Hutschnur reißt, keine Probleme damit haben, authentisch zu sein. Sagen wir aber Herrn Mayer-Müller-Schulze, er solle doch für sich mal einen Weg finden, Wohlbehagen bei seinem Hund auszulösen, erhalten wir umgehend eine Fehlermeldung. Das Betriebssystem Mensch ist für so etwas nicht ausgelegt und benötigt ein Update. Die »ungezwungen-freundlich« Software zum kostenlosen Download. Dafür wäre eine App sicher chic. Natürlich ärgert es uns, wenn wir einen Sturz hinlegen, weil der Hund, warum auch immer, heute total aus dem Ruder gelaufen ist. So etwas nervt ungemein und enttäuscht uns logischerweise. Was ist schlimmer als blanke Wut? Richtig, Enttäuschung. Die schleppt man mit sich herum und muss sie auch noch mit sich alleine ausfechten. Versuchen wir doch einfach, solchen Ereignissen etwas Positives abzuringen. Das Erkennen eines Defizits ist oft kostengünstig. Es passiert im Alltag, ohne Seminarkosten, gelegentlich sogar Indoor. Nehmen wir doch diese Herausforderung des »Versagthabens« als Lerngeschenk an.

Wissensvermittlung in Rekordzeit

Neben den Situationen, die wir schlicht als Unfälle außen vorlassen wollen, dreht sich oftmals vieles um das Thema der »Selbstüberschätzung«. Wir dachten, wir können das, der Hund dachte was anderes. Klingt komisch, ist aber so.

Obwohl der Hund eventuell erst am Beginn seiner Lernkurve steht, glauben wir oftmals, dass eine zweimal geübte Aufgabe vom Hund problemlos, überall und zu jeder Zeit zu meistern ist. Ganz schön irre, dieser Gedanke, oder? Drei Hundebegegnungen hinterm Zaun in der Abendsonne machen leider noch keinen verlässlichen Hund. Unser Tempo ist schon immens, wenn es um Wissensvermittlung geht. Nehmen wir ein banales Beispiel, um zu veranschaulichen, wie eilig wir es häufig haben. Ein Welpe, fünf Tage im neuen Zuhause und schon wird Leistung bescheinigt, wo noch Willkür haust. Die motivierte Familie berichtet voller Stolz, »Sitz, also das kann er ja schon«. Als Hundetrainer*innen erklären wir dann, dass Zufall und Verknüpfung sich manchmal überlappen und man nicht zu viel erwarten solle. Wird das Gespräch schwierig, dann bittet man die Welpenbesitzer einfach einmal »Sitz« zu sagen und stellt fest, dass der Welpe weiter seiner Wege bummelt. »Sitz, was ist das und was hat das mit mir zu tun?«, steht auf seinem Superwelpen-Umhang, der im Wind weht. Selbstverständlich sollten wir Hundetrainer einen Kunden nicht bloßstellen. Aber ab und zu, wenn es mit einem klitzekleinen Vorführen den ganz großen Aha-Effekt geben kann, dann greifen auch wir mal in die »Hab ich doch gesagt«-Kiste. Es sollte jedoch die Ausnahme bleiben.

Unsere Denkwege sind gelegentlich kurz und teils recht einfältig. Wenn man zurückschaut und sich daran erinnert, wie lange wir selbst fürs Lesen- und Schreibenlernen gebraucht haben, ist es fast schon eine Frechheit, einem Hund nach zehn Wiederholungen Perfektion abzuverlangen. Aber wir Menschen tun es, meinen es auch gar nicht böse – da sind wir sicher. Unser Wollen ist einfach stark ausgeprägt, wenn es um den wohlerzogenen Hund geht. Es schließt sich der Kreis zur Verantwortung. Wir müssen schauen, dass unser Hund in der Menschenwelt nicht auffällig wird, das bedeutet für uns Hundehalter auch Druck von außen. Keiner möchte eine Anzeige, weil der Labbsen-Paul mal wieder die Radfahr-Else vom Bock geholt hat. Alles verständlich, allerdings dürfen wir das gesunde Maß nicht verlieren. Lasst uns abwägen, ob ein Hund, der sich unaufgefordert neben seinen Halter setzt, wenn dieser stehen bleibt, doch ohne Hundesportmodus die guten Manieren verliert, erstrebenswert ist. Wir haben unsere Lehrer für den Spruch verflucht, dennoch ist er an dieser Stelle so passend: Man lernt fürs Leben!

Wie sieht der Alltag (D)eines Hundes aus?
Was genau ist verhaltenstechnisch definitiv
nicht verhandelbar? Mit welchen Lücken
kann ich als Hundehalter dennoch solide
durch die Welt marschieren? Hinterfragt
Eure Lernziele und hinterfragt, ob Euer
Erziehungstempo das Richtige für Euren
Hund ist. Es gibt nicht die Methode, den einen
Weg, den einen Zeitplan – das wäre zu leicht!

Wer zu schnell zu viel will, der wird seine Lektion sicher lernen. Früher oder später fliegt einem der eigene Zeitplan um die Ohren. Hunde erkennen, was wir vorhaben, suchen sich ihre Ventile, um Frust abzubauen und beobachten uns nonstop. Sie sind im Vorteil, denn sie haben massig Zeit. Das vergessen wir im Alltag viel zu oft. Wir haben uns fellige Spione ins Haus geholt, die uns durchschauen. Und das mit links.

Sportliche Wettbewerbe

Gehen wir noch einmal zurück zu dem Punkt, an dem der Hundebesitzer hochmotiviert begann, mit seinem Hund durchs Leben zu schreiten und erkennen musste, dass alles, was er in mühevoller Kleinarbeit auf dem Hundeplatz einstudiert hatte, in der realen Welt von seinem Hund nicht abgeliefert wird. Der Hundebesitzer an sich hat ja so seine Ansprüche. Man möchte seinen Hund optimal auf ein problemloses Leben vorbereiten und jetzt soll alles umsonst gewesen sein? Unsere Vorstellungen und Erwartungshaltungen bringen uns schnell in die Bredouille. Dabei folgt man als Hundehalter doch oftmals dem Rat von anderen Hundeleuten und auch Trainern. »Du musst mal was Sinnvolles mit Deinem Hund machen«, als wäre ein durch die Felder schlendern und sich mögen nicht schon sinnvoll genug. Wir streben nach Höherem, sicher beeinflusst durch die Gesellschaft, die Hundeszene und viele andere Faktoren. Nicht jedem gelingt es, mit Begeisterung seinen Hund in einem bestimmten Bereich zu fördern. Viele Hundebesitzer erliegen der Wunschvorstellung, ihr Hund könne mehr sein, mehr können als nur einfach so »Hund«. Es scheint ein stückweit ein Spleen zu sein, dass wir gerne irgendetwas Messbares haben wollen. Etwas, das belegt, dass Hund X eine 1+ im Stricken oder Häkeln erreicht hat. Als bräuchten wir immer ein Gütesiegel für alles. Hundeführerschein und Co. sei Dank – es ist mittlerweile sogar ein guter Geschäftszweig für uns Hundetrainer. Was »offiziell Anerkanntes« für Hundehalter anbieten zu können, das tut leider zu oft Not. Man muss sich absichern, für den Fall der »Felle«. Ein überzeugtes Nichtstun bekommen wir Hundehalter sorgfältig aberzogen. Vorbeugen und Absichern, gepaart mit einem Hauch von Wettbewerb, so schaut es aus.

Sich gerne mal mit anderen messen, sich vergleichen, womöglich auch aufwerten, das ist schon unser Ding, oder? Nur mal so zum Spaß schauen, ob man wirklich den tollsten, schönsten und genialsten Hund der Welt erwischt hat. Warum auch nicht, wer es wissen will, nur zu. So etwas ist auch gar nicht verwerflich, finden wir. Solange der Spaß und die Freude für Hund und Halter überwiegen, spricht nichts gegen einen flotten Wettkampf. Es geht ja nicht um Leben und Tod oder um Ruhm und Ehre, oder etwa doch?

Wie schnell ergreift uns der Sportgeist und ab wann wird es ungesund? Oftmals ist der Übergang vom »Dabeisein ist alles« zum unbefriedigenden zweiten Platz fließend. Es gibt unter uns Hundehaltern die lockeren Sportskanonen, die einfach mal irgendwo mitmachen und wenn es nicht hinhaut, darüber lachen und zukünftig lieber mit Cola und Pommes in der Hand den Cheerleader für die anderen Teilnehmer mimen. Es gibt aber auch die Menschen, die der totale Ehrgeiz packt und die es wissen wollen. »Jetzt erst recht«, so die Devise. Das Siegertreppchen knapp verfehlt, das lässt ein Gewinnertyp nicht auf sich sitzen. Hier droht schnell die Gefahr, dass der neu entfachte Ehrgeiz im Galopp in einen gepflegten Leistungsdruck schlittert. Der Hund wird zur Randerscheinung, Mittel zum Zweck – so schnell ist der Spaßfaktor dahin. Es ist ein schmaler Grat, auf dem der übermotivierte Hundehalter balanciert. Viele, auch bestimmt einige Leser*innen dieses Buches, erfreuen sich an Hundeprüfungen oder an einer anderen Form des Hundesports. Das Angebot ist riesig. Einige Events mit Hund machen sogar für uns »Außenstehende« Sinn, andere füllen eine Lücke, andere werden wichtiger gemacht als sie sein dürften, denn was sagen sie aus? Bestimmen Punkte und Pokale den Wert eines Hundes? Oder geht es gar um unseren Wert? Eines ist klar: Keiner bestimmt unseren Wert, außer wir selbst! Lassen wir das erst einmal so stehen und dröseln das Thema etwas mehr auf.

Beim Bestreben nach »Sinnvollem« geht es um was genau? Es geht um ein gemeinsames Vorhaben mit seinem Hund und, wenn es rund läuft, auch um ein besseres Miteinander. Warum sich nicht einmal der Konkurrenz stellen, wenn man glaubt, etwas besser zu können? Ein Tag unter Gleichgesinnten, aufregend, spannend, frische Luft und mal ganz woanders sein. Man freut sich gemeinsam mit den Mitstreitern über den schnellsten Lauf, die tollste Pirouette oder tröstet sich, wenn es mal nicht rund läuft. Spaß am Zusammensein mit anderen und Freude an der Arbeit mit seinem Hund, darum darf und soll es gehen.

Treten wir doch alle einmal etwas zurück und schauen ganz gezielt von außen auf das, was da wirklich vor sich geht. Womöglich sind wir hier gerade etwas pauschal, aber alle Prüfungsarten und Hundesportrichtungen zu differenzieren und auszuwerten, sprengt den Rahmen und tut auch nicht zwingend Not. Machen wir einfach eine banale Unterscheidung zwischen den Ausbildungswegen, die ein Hund mit seinem Menschen im dienstlichen Bereich absolviert, und solchen Events, bei denen kein Job auf dem Spiel steht. Dann ist die Unterteilung zwischen Job und privatem Entertainment gemacht. So schnell haben wir das Feld eingekreist.

Privates Entertainment

Wenn es schlichtweg ein privater Spaß mit Hund ist, dann kann man seinen Sport mit Hund locker und flockig betreiben. Es muss nicht eskalieren, wie bei den Eislaufmuttis, die heimlich in der Umkleide die Kostüme der anderen Eislaufprinzessinnen enger nähen. Stimmt's? Freizeit macht Spaß, ohne Wenn und Aber! Macht es nur schlechte Laune und enttäuscht, warum lassen wir Menschen dann so frustrierende Events nicht sausen? Wäre doch die perfekte Lösung für ein selbstgemachtes Problem, nicht wahr? Wie gesagt, es ist kein Job in Gefahr, man muss nicht das Land verlassen, wenn man patzt. Alles gut. Und niemand muss wegen eines Buches mit Denkanstößen sofort seinen geliebten Hundesport an den Nagel hängen oder ihn ab morgen blöd finden oder gar heimlich betreiben. Der Club der anonymen Hundesportler, na das wäre es doch. Nein, wer für sich und seinen Hund DIE Freizeitaktivität gefunden hat und sie mit Freude und ohne falschen Ehrgeiz betreiben mag – alles in Ordnung. Wer sind wir, dass wir hier die Oberlehrer raushängen lassen. Uns geht es um die Hunde!

Es ist uns bewusst, dass wir hier einige Hundesportler etwas grob anfassen, aber auch das gehört dazu. Nachfragen, leicht überspitzt formulieren, den Bogen stramm spannen. Es muss mal sein, wer sich wiedererkennt und sich dabei erwischt fühlt, irgendwo in seiner Laufbahn als aktiver Hundesportler einmal seine eigenen Ziele über die des Hundes gestellt zu haben, der hat sicher seine Lektion gelernt, ist klüger geworden und liest hier entspannt mit – oder beschimpft und verteufelt uns an dieser Stelle. Beides ist absolut okay. Denn vieles, was wir Menschen machen oder gemacht haben, und wir schließen uns hier nicht aus, war nicht aus bösem Willen. Es geschah einfach so, während das Leben stattfand. Kennen wir doch alle. Doch hier geht es auch einmal ans Eingemachte, wir beschreiben Dinge, die man sich sonst nicht so recht traut. Wer hat schon Lust auf eine Kritiklawine im sozialen Netzwerk? Wer hält es aus, dass auch einmal Gegenwind kommt? Fakt ist, man kann es nicht jedem recht machen. Wer sich nicht traut, mal die Kelle in die Suppenschüssel fallen zu lassen, der wird nie erfahren, ob das neue Sprenkelmuster an der Küchendecke nicht doch als Kunst hätte durchgehen können. Mut braucht man und wenn es eben nur Sauerei war und keine Kunst, na und. Dann lernt man daraus und tut es nie wieder, oder wählt eine andere Suppe.

Das Streben nach Erfolg

Wir bedienen uns gerne an Fallbeispielen, weil wir von Euch verstanden werden möchten. Es zeigt einmal mehr, wie wichtig uns diese Dinge sind. Stellen wir uns mal kurz an den Spielfeldrand und nehmen uns Zeit, um darüber nachzudenken, ob es denn wirklich so entspannt und wohlwollend ist, wenn es um Gewinnen oder Verlieren geht. Ganz nach dem Motto: Es ist egal, ob man gewinnt oder verliert, BIS man verliert. Jeder muss für sich entscheiden, wie wichtig ihm der 1. Platz oder die Ehrenurkunde ist. Die Frage, die wir in diesem Zusammenhang in den Raum stellen, ist: »Würdest Du Dich zum Wohl des

Hundes vom 1. Platz verabschieden können?« Was macht es mit uns Menschen, wenn wir unsere Ziele über das Potenzial des Hundes stellen, unabsichtlich, aus dem Eifer des Gefechts heraus. Wenn man selbst an etwas großen Spaß hat, dann fällt es oft schwer nachzuvollziehen, dass ein anderer nicht mitmachen möchte. Und fragen wir uns wirklich oft genug, ob es für unseren Hund das Ideale ist? Erkennen wir es überhaupt? Oder entsteht aus antrainiertem Verhalten, das wir immer und immer wieder fordern, irgendwann der Eindruck, unser Hund würde dies gerne tun? Denken wir an die Balljunkies! Was war zuerst da? Die Passion für fliegende Gegenstände oder der Mensch, der den Ball ins Rollen gebracht hat? Darum geht es. Kurz einmal darauf herumdenken, wie es bei jedem von uns ist. Wollen wir immer mehr und erkennen wir eigentlich, ob wir uns unserem Hund gegenüber noch korrekt verhalten? Schön ist's, wenn am Ende beide Freude an der gemeinsamen Sache haben.

Rüdiger auf Abwegen

Da ist zum Beispiel Frau Schmitt-Müller, die Kinder sind endlich aus dem Haus und nun ist Zeit für einen Hund. Das hat sie sich schon immer so vorgestellt, ein kleiner Traum. Sie ist sportlich, dynamisch, diszipliniert und hat eine Menge Energie, die jetzt frei verfügbar ist. Peter, Paul und Marie gehen ihre eigenen Wege, zumindest bis zum Monatsende. Dann wird's oft klamm bei den drei Studenten aus Leidenschaft. Dann ist kein Cent mehr in der Börse für hippe Smoothies und coole Styles. Dennoch ist Frau Schmitt-Müller stolz auf ihre Sprösslinge. Die jungen Leute hat sie bodenständig erzogen und immer darauf geachtet, dass sie in der Spur bleiben. Kein Abi schlechter als 2.0 und keine Sperenzien. Frau Schmitt-Müller kann Disziplin und sie weiß, wie Erfolg geht. Was also soll mit einem Hund schon viel anders laufen. Ein Rüdiger soll es sein und so geschieht es.

Rüdiger ist ein talentierter Vierbeiner aus gutem Hause, also praktisch wie ein kleiner Bruder für Peter, Paul und Marie. Haariger, aber nicht minder smart. Nun ist der Rüdi ein ganz schlauer Aufgeweckter und das Leben von Frau Schmitt-Müller mit Hund läuft von Beginn an prima. Er trabt toll an der Leine, hört sogar auf Pfiff und alle in der Siedlung bewundern sie für diesen gut erzogenen Hund. Da Rüdiger so talentiert ist und Frau Schmitt-Müller das Basisprogramm schon durch hat, wird der Gedanke wach, man könne etwas mehr daraus machen. Ein passender Verein in der Gegend ist schnell gefunden und schwupps hat Rüdiger ein neues Projekt mit Frauchen. Das Miteinander von Hund und Halterin war bislang eigentlich gut sortiert, nicht übertrieben eventreich, eben solide aufgestellt. Rüdiger war nie auf Abwegen, stets freundlich und auch motiviert, Frauchen zu gefallen, also alles hübsch normal. Was bislang gut genug für Frau Schmitt-Müllers Ansprüche war und Rüdis Vorstellungen vom Glück, wird nun im Verein neu bewertet. Der nette Trainer, der den Kurs für »Tolles und Sinnvolles« leitet, betitelt Rüdigers Vorkenntnisse als »ausbaufähig« und scheint wenig Verständnis dafür zu haben, dass Frau Schmitt-Müller mit so wenig so lange zufrieden sein konnte. Gut, sie ist ja offen für alles und mag klare Worte. Damit kann sie arbeiten und der Rüdiger könnte durchaus etwas präziser sein in … ja, in was eigentlich?

Frau Schmitt-Müller kann noch nicht so ganz folgen, aber der Trainer, den man auf 100 Meter schon aufgrund diverser großflächiger Jackenaufdrucke rund um den Hund als Chef im Ring gut ausmachen kann, nimmt sich höflich Zeit und erklärt ihr alles im Detail. Er ist sehr überzeugend und schnell erkennt auch Frau Schmitt-Müller, dass die anderen Kursteilnehmer ihre Hunde irgendwie ganz anders »im Griff« haben. Weniger Gehampel, mehr »Sitz«, so in etwa. Nun kann es losgehen mit dem zweiten Bildungsweg. Das ungezwungene, beiläufig Erlernte wird Schritt für Schritt in ein Korsett gequetscht und fleißig bewertet. Früher war mehr Freestyle, denkt sich Rüdi, schade drum. Rüdiger ist vom Sternzeichen Körperclown, Aszendent Bodenturner, daher sein Faible für ausdrucksvolles Rennen und Springen. Dazu aber später mehr.

Es gibt Aufgaben und Richtlinien, die einer Benotung der gezeigten Leistung dienen, und nun muss es genauso gemacht werden, wie es in der bunten Vereinsbroschüre steht. Nur so ist es richtig und nur so wird jetzt trainiert. Frau Schmitt-Müller hat nichts gegen Struktur, und so ist es auch leichter, den Überblick zu behalten. Übung Nummer 1 ist so und nicht anders! Aus die Maus. Die Arbeit mit dem Hund ist schließlich etwas Ernstes und für »nur mal zum Spaß« wäre der ausgewählte Kurs ohnehin nicht gedacht und auch zu teuer. Da könne man ja in eine »normale« Hundeschule gehen, so tönt der allseits bedruckte Fachmann. Ach ja, schau an, denkt sich Frau Schmitt-Müller und ist froh, dass der Trainer ihre Vorstellungen von Disziplin und Ordnung teilt. Zur Erinnerung, die drei Sprösslinge haben ihren top Notendurchschnitt im Abi ja auch nicht vom Töpfern und Kiffen.

Die im Kurs gestellten Aufgaben sind für Rüdiger nicht allzu schwierig. Aber da es immer konstante Wiederholungen gibt, wird es bald langweilig und Rüdi führt Frauchen in der Gruppe ab und zu vor. Er zeigt sich kreativ und ausdauernd, zum Leidwesen der anderen, die den Kurs ja schließlich nicht zum Spaß machen. Noch dazu sind die anderen Mensch-Hund-Gespanne eher ungeübt im Zurschaustellen ihrer körperlichen Fähigkeiten. »Alles Bewegungslegastheniker«, denkt sich Rüdi. Auf dem Platz wird nicht gespielt, so sagt der bedruckte Mann eindringlich. Rüdi sieht das etwas gelassener und versucht, die anderen Fellkollegen zu einer Revolte anzustiften. »Free Rüdi!« oder »Wohin mit dem Frust« – das wären die Banner, die Rüdiger an den Zaun vom Hundeplatz knoten würde. Wie gesagt, er ist sehr talentiert, gegebenenfalls hochbegabt und daher extrem schnell überdimensioniert auffällig in der Gruppe.

Rüdis Sondereinsätze und Kapriolen mag Frau Schmitt-Müller so gar nicht leiden, denn schließlich hat sie ja die drei Kinder hinbekommen und ist nicht gewillt, am Hund zu scheitern. Aus einer flotten Idee, mit dem Hund ein wenig mehr Sinnvolles zu tun, wird schnell ein gepflegter Leistungsdruck. Rüdi macht also irgendwie, im Rahmen seiner Möglichkeiten, mit – der einsetzenden Resignation sei Dank. Irgendwann gibt der kreativste Hund auf. Und nach wochenlangen Dauerkorrekturen und Genörgel fügt Hund sich – so einfach ist das.

Nun kommt der Tag der Tage und der krönende Abschluss des Kurses für »Tolles und Sinnvolles«. Er soll in einer Prüfung enden, Erlerntes darf gezeigt werden, denn einer muss doch der Tollste sein. Alle Hundehalter sind aufgeregt und jeder will sein Bestes geben, nur Rüdiger hat noch mehr vor. Er hat beschlossen, heute ist Bastel-tag, und er möchte neben den gestellten Aufgaben auch noch so viel mehr von sich zeigen. Eine Art Directors Cut von Rüdi mit Bonus-material. Heute macht sich Rüdiger Luft und dank der letzten lang-weiligen Monate im Kurs, hat er viele innovative Ideen gesammelt, die auf die große Bühne gebracht werden. »Schonungslos ehrlich« – so heißt die Rüdi-Revue. Der Startschuss fällt und los geht's. Wie man später im Zeugnis nachlesen kann, war Rüdi »außer Kontrolle«. Sachen gibt's, aber gut, der Richter wird wohl wissen, was er gesehen hat und Frauchen kennt nun die Schattenseiten des »etwas für sich tun« oder »etwas für seinen Hund machen«. Wenn das Wollen dem Können übergeordnet ist, dann ist es wie Pudding in den Ventilator werfen. Es kommt was zurück, aber nichts, was man haben möchte.

Unsere Hunde, auch Rüdi, suchen zwar nach Fehlern in unserem System, jedoch rachsüchtig abrechnen – das ist so gar nicht Hund. Es sind schlichtweg Reaktionen, die aufgrund unseres Verhaltens Dinge gut oder weniger gut für den Hund erscheinen lassen. Anspannung, nicht authentisch sein können, Unzufriedenheit … schon kippt der eigene Führungsstil und der Hund erkennt uns nicht wieder. »Körpersprachlich reduziert, stumm wie ein Goldfisch – so ist mein Mensch doch sonst auch nicht«, denkt der Hund. Das reicht aus, um irritiert zu sein und aus Hundesicht das Zepter zu übernehmen. Ganz nach dem Motto: »Führst Du nicht, dann mach's halt ich«.

Und Hand aufs Herz, kennt nicht jeder jemanden, dem das schon so ergangen ist? Hochmotiviert losgerannt, in die Gruppendynamik gerutscht und dann zu spät oder – wenn überhaupt – erkannt, dass es der falsche Weg war. Man hat dem Hund zu viel Druck gemacht und das ausgerechnet in einem Hobbybereich. Wo es doch – ja, viele sehen es anders, aber egal – um nichts Weltbewegendes geht. Wir alle haben doch schon einmal das Ziel überrannt und dann kleinlaut festgestellt, dass es mehr um uns ging als um den Hund. Man hat womöglich schlichtweg nur die nette Gesellschaft der Menschen mit Hund gesucht, und ist dabei in den Leistungswahn geraten. Die Sache war am Ende größer als das, was der Hund im Grunde von uns gebraucht hätte. Wenn etwas nicht so klappt, wie wir es gerne hätten, dann schwanken wir Menschen oftmals nörgelnd durch die Gegend und suchen einen Blitzableiter. Irgendwohin muss der Überdruck im Kopf, sonst platzt er.

Umgang mit Frust und Überforderung

Die Variante Nutellabrote zu essen, anstatt ein Problem zu lösen, ist zwar schmackhaft, doch wenn dann die Jeans klemmt, ist der Kreislauf des Frusts erneut geschlossen.

Wir wissen sehr genau, was Frust ist und wie er sich anfühlt. Doch warum erkennen wir Menschen beim Hund Nichtverstehen, Überforderung, Frustration so schlecht? Zeigen Hunde das subtiler als wir? Okay, das Verspeisen von Nutellabroten soll bei dem ein oder anderen Hund schon vorgekommen sein, aber ob hier nur Frustbewältigung im Spiel war, lassen wir mal offen.

Ein häufig zitierter Satz, sowohl von Hundebesitzern, als auch von Fachleuten ist: »Da muss er durch!« Um aber etwas aushalten zu können, sollte man doch in der Lage sein, auf irgendeinen Erfahrungswert zurückzugreifen. Wenn man beispielsweise nie gelernt hat, dass unter dem Bett keine Monster leben, dann ist es wohl mit über vierzig auch egal, wenn es heißt: »Da ist doch nichts!« Hatten wir jedoch Eltern oder Geschwister, die uns jede Nacht an die Hand nahmen, um den imaginären Freddy Krüger aus dem Schrank zu vertreiben, dann stehen die Chancen recht gut, mit fünfzig den Weg zum Schrank nach 22:00 Uhr alleine zu gehen.

> *Es braucht Erfahrungen! Es braucht Antworten auf Fragen, die das Problem kleiner werden lassen! Nicht nach dem Motto: Ab ins kalte Wasser und sieh zu, wie Du zurechtkommst. Das ist nicht fair. Etwas auszuhalten, was unangenehm, langweilig oder stressig ist, das ist kein leichtes Unterfangen – weder für Mensch noch für Hund.*

Frust ertragen will geübt sein. Es ist mitunter eines der ersten und auch eines der wichtigsten Lernziele, die im Leben eines Hundes – eventuell auch Menschen – anvisiert werden sollten. Was nützt es uns, wenn der hochkonditionierte Hund zu jeder gestellten Aufgabe »Yes Sir! No Sir!« antwortet und wie ein Marine salutiert, dann aber nach der absolvierten Trainingseinheit vom Hof reitet, um zu Hause das Sofa zu zerlegen? Frustration macht doch etwas mit unseren Hunden. Wenn wir, oft unwissentlich, immer wieder über die Schmerzgrenzen gehen, dann wird es eine Reaktion hervorrufen. Bei dem einen Hund ist es subtiler, leiser, weniger nervig für den Besitzer. Ein anderer explodiert förmlich, nimmt sich die Auszeit, die er dringend benötigt, schafft Distanz zwischen sich und seinem Menschen. Wer kennt sie nicht, die Rüdigers dieser Welt? Sie entziehen sich der Aufgabe und sind, wie es auch in Rüdis Zeugnis steht, »außer Kontrolle!«. Dabei versucht der Hund oftmals mit seiner Handlung genau diese wiederzuerlangen. Es macht ihm sicher keine Freude, sich hysterisch abreagieren zu müssen, wenn er als Alternative gerne, wohlbemerkt ohne noch mehr Druck seitens des Halters, einfach dageblieben wäre. Hunde versuchen doch ständig, unsere Signale zu »dekodieren«. Andererseits gibt es auch Frust bei den zum Prinzen gemachten Vierbeinern. Hunde, die meinen, alles zu dürfen und dann dürfen sie mal nicht. Das sind dann jene Grotzen, die sich als Kind vor der Kasse auf den Boden werfen und schreien, weil ihnen der Schokoriegel verwehrt wird. NEINs zu akzeptieren, heißt die Devise. Hunde und Kinder sind sehr verhaltensoriginell, wenn es um Frustabbau geht.

Der Mensch hat es verbockt!

Uns Menschen fehlt oft der Überblick, was genau der eigene Hund an Verhalten so abspult. Man schämt sich nicht selten für ihn, weil er die Trainingsgruppe stört und so anders ist, als der Rest der Gruppe. Uns entgeht ganz offensichtlich, dass es eine Verbindung zwischen unserer Erwartungshaltung und der darauffolgenden Reaktion unseres Hundes gibt. So, als hätten wir eine hochwertige Vermeidungstaktik entwickelt, die uns nicht erlaubt, Dinge zu sehen, die wir uns so nicht vorgestellt haben. Wir möchten fast schon von einem FI-Schalter sprechen, der automatisch umkippt und uns in den »Blinde-Kuh-Modus« schaltet, wenn der Hund sich gegen eine Kooperation mit uns entscheidet. Klack, Wunschdenken und Hundeverhalten stimmen nicht überein, und schon erscheint ein Bild von der Blumenwiese mit tanzenden Elfen vor unserem inneren Auge. Dass wir ein unerwünschtes Verhalten oder gar Frust bei unserem Hund auslösen, damit rechnen wir irgendwie nicht. »So etwas darf nicht sein. Ich mache doch alles für ihn, warum zickt er jetzt so rum?« Klack, Schalter kippt und das System Mensch riegelt ab. Selbstschutz oder Schockreaktion?

Wer hat es nicht schon erlebt oder zumindest gehört, dass der »wichtig gemachte« Champion ein Verhalten an den Tag legte, für das man bis heute keinerlei Erklärung findet. Das Mysterium Frust: viele sprechen darüber, aber keiner hat es jemals selbst bei seinem Hund ausgelöst. Dafür fallen die Analysen bei einem Totalausfall umso fachmännischer aus. Die Kernfrage, wer Schuld hat, wird gerne in einer Art Selbsthilfegruppe diskutiert. Dabei könnte man der Diskussion vorgreifen und sagen: Der Mensch hat es verbockt. Punkt.

Wir Menschen, das haben wir ja nun begriffen, suchen so gerne in den Krümeln, wollen freigesprochen werden, von der Beihilfe zum Ausflippen. Es werden Szenarien in der Trainingsgruppe diskutiert, Ahnentafeln werden abgeglichen von denen, die verwandt sind und nicht versagt haben. Dann wird auch schon mal der internationale Ansatz herangezogen. Sind es die Griechen, die Spanier oder die Italiener, die so schwierig vom Handling sind? Ganz ehrlich, liebe Leser*innen, das haben wir doch alle schon einmal gehört oder selbst so gemacht: Die magische Suche nach dem großen Zusammenhang in puncto Versagen, das selbstverständlich unter keinen Umständen mit unserem Zutun verknüpft ist. Da sind wir uns einig!

Fragen wir uns doch einmal ganz nüchtern, welche Konstante klebt denn am Hund, wenn er mental wegbricht? Natürlich der Halter, der ewige Begleiter, der Leinenfesthalter, der Chauffeur, der Futterspender – wir sind doch immer mit von der Partie.

Das Trainingsgelände mag sich ändern, der Trainer kann variieren, die Anforderungen können andere sein an diesem einen bestimmten Tag, aber der Mensch am Ende der Leine bleibt derselbe.

Wir haben es in der Hand, unseren Hund durch alle Widrigkeiten zu führen. Wir können uns jederzeit vor, hinter oder einfach begleitend neben unseren Hund stellen. Wir entscheiden, wie es für ihn läuft und somit sind wir es, die die Dinge auch mal aus dem Ruder laufen lassen. Nicht absichtlich, aber wir tun es. Überforderung beim Hund entsteht oft schneller, als wir unsere Wanderschuhe schnüren können. Man steht im Seminar und ist nicht so ganz überzeugt von dem, was man dort tun oder lassen soll, wird unzuverlässig in seinem Tun, handelt eventuell gegen seine Überzeugung, verlangt etwas von seinem Hund, was im Grunde nur schieflaufen kann, nicht schön. Gruppendynamik, teuer bezahltes Geld, ein etwas weiches Rückgrat und schon macht sich Frust oder Irritation breit. Wir Menschen überspielen es, der Hund ist da authentischer. Die Frage ist also nicht »Warum macht ER das?«, sondern »Was habe ICH mir dabei nur gedacht?«

Es ist die Verantwortung des Halters und selbstverständlich auch die des Trainers, Seminarleiters, wer auch immer, dafür Sorge zu tragen, dass Situationen, in denen das angestrebte Lernen ins Negative rückt, möglichst gar nicht erst entstehen. Im Training geht man sicher auch mal den einen Schritt weiter, geht ans Limit, ans Eingemachte, so ist das wohl gelegentlich. Das bedeutet aber nicht, dass man Dinge aus einem Hund herauskitzelt, die der Halter nicht bedienen kann oder der Hund hätte gar nicht zeigen müssen. »Da, schaut her – hab ja gesagt, dass der gleich überfordert ist!« So sicherlich nicht! Ich möchte doch einen Schritt weiterkommen, wenn ich mich zum Beispiel zu einem dreitägigen Workshop unter fachlicher Beratung anmelde. Wer hat denn bitte das Bestreben, sich nach drei Tagen auf der Rückfahrt vom Seminar überlegen zu müssen, wer jetzt die Schussempfindlichkeit vom Hund wieder wegtrainiert? »War wohl ein bisschen viel, da hat der Waldi doch nicht so die Nerven behalten, wie in der Ahnentafel versprochen, und schwimmen will er auch nicht mehr!« Wer möchte so aus einer Lerngruppe rausgehen?

Viele Menschen kommen über den Hund zu Hobbies, an die sie ohne Hund niemals gedacht hätten. Das ist fantastisch und zeigt uns einmal mehr, wie bereichernd der Alltag mit Hund sein kann. Worum es allerdings immer gehen sollte, ist, seinen Hund als das anzunehmen, was er ist. Auch, wenn wir es so nicht bestellt haben. Unsere Vorstellungen und die Lieferung des Lebens sind nicht immer deckungsgleich, was jedoch nur bedeutet, dass wir uns neu ausrichten müssen. Jeder bekommt den Hund, den er (zum Lernen) braucht!

Was macht es mit dem Halter

Wie schon erwähnt, geht man im Training auch mal an die kniffligen Nahtstellen. Es soll ja weitergehen mit dem Lernen. Doch war es einen Ticken zu viel, hat man ein wenig außerhalb der Komfortzone geturnt, dann muss auch wieder für Wohlbefinden gesorgt werden. Denn nur so geht nachhaltiges Lernen. »Schau, es war heute schwierig, dennoch haben wir das gemeinsam gelöst und Du bist der tollste Hund der Welt!« Da ist es wieder, das Wohlwollen. Es fällt uns Menschen oft so schwer.

*Es sind nicht die Kekse, die es dem Hund
wieder schön machen, sondern unsere Art im
Umgang mit ihm. Einfach Sein ohne Wollen.
Ein wohlwollender Blick, ein Zunicken,
einfach Anerkennung!*

Auch wenn wir in einer Aufgabe stolpern, die der Hund schon zigmal bravourös gemeistert hat, wenn es heute, in dieser einen Situation zu viel war, dann ist es egal, ob der Champion normalerweise abliefert. Irgendetwas war nicht stimmig und dünne Nerven lassen sich nicht wegtrainieren. Wenn sie erst einmal flattern, dann ist das so und man muss den einen Schritt wieder zurück. Gehen Sie zurück auf LOS, besser als ins Gefängnis, oder liebe Mitspieler? Wenn es einmal hakt, dann ist der Hund deswegen nicht schlecht und man selbst ist kein Versager. Nein, man sollte milde auf das selbstgemachte Chaos schauen und sich denken: »Okay, überall fliegt Lego rum, dann räumen wir gemeinsam auf.« Es könnte schlimmer kommen, oder? Und wer hier als Trainer den Hundehalter nicht aktiv unterstützt und ihn bestärkt, weiter an seinen Hund zu glauben, der sollte besser einen anderen Arbeitsbereich für sich finden. »Den kannst Du abgeben, das wird nix!«, solche kompetenten Analysen sind nicht selten und da fragt man sich doch zu Recht – wer bezahlt für so einen Quatsch? Gut, Hund A ist für dies oder jenes nicht der Top-Kandidat. Dann suchen wir doch besser gemeinsam einen anderen Hobbybereich, in dem er sich wiederfinden kann. Oder lassen wir uns einfach mal die Zeit, um an Probleme heranzugehen. Was heute nicht geht, das geht mit guter Anleitung vielleicht in zwei Monaten. Sind wir denn auf der Flucht oder noch bei der Quality-Time mit dem eigenen Hund?

Zu viele Ambitionen können hinderlich sein, denn wer hat schon Lust, immer wieder Dasselbe zu trainieren – insbesondere, wenn man es kann. Eine Aufgabe, die ein Hund gerne löst und sichtlich Spaß daran hat, kann nach der zwanzigsten Wiederholung auch ins Negative kippen. Wenn die Luft raus ist, wird die Leistung selten besser. Der Hund ist erschöpft, der Mensch unzufrieden – Willkommen im Frustparadies, treten Sie ein, nehmen Sie Platz auf dem Karussell des Irrsinns. Denken wir mal an Rüdiger zurück. Er kam ohne Probleme und ging mit einem Feuerwerk des Alternativverhaltens vom Platz. Sind wir doch zukünftig einfach schlauer, sensibler und kümmern uns um die Prophylaxe statt um die Korrektur. Wir wissen doch, wie es geht. Dennoch verlangen wir oft Dinge von unserem Hund, die wir selbst in vergleichbaren Situationen nicht oder oftmals schlecht beherrschen.

Was macht es mit dem Hund?

Lasst uns einmal überlegen, wie wir denn so drauf sind, wenn wir unsere Emotionen nicht bändigen können? Arbeit blöd, Chef doof, Kollegen alle Schlafmützen, Kopfweh, jetzt noch mit dem Hund durch den Dauerregen und eingekauft ist auch noch nicht. Super Grundstimmung um, wir erinnern uns, die Chefrolle authentisch und souverän auszufüllen. Puh, mal Hand aufs Herz, wer würde gerne an so einem Tag mit sich selbst an der Leine Gassi gehen? Nehmen wir uns das Bild einmal zu Herzen und fragen uns, ob wir uns an so einem Tag überhaupt selbst ertragen könnten. Da müssen wir wohl durch, oder? So fühlt sich der Satz an, den wir nur zu schnell zu unseren Hunden sagen. Als wäre es ein Leichtes, etwas auszuhalten, was in diesem einen Moment so unüberwindbar zu sein scheint. Ist es also doch akzeptabel, wenn unsere Hunde ab und zu mal ihren Frust ausleben? Etwas nicht wollen oder einfach nicht können? Lassen wir das einmal wirken und erinnern uns daran, wenn wir das nächste Mal wieder motzend im Hausflur dem Hund erklären, dass wir für seine Eskapaden heute keinen Nerv haben.

Selbst wenn wir rumnörgeln, geht es uns doch nur um eines – den Hund! Mal eine Gassirunde ausfallen lassen!? Nur mit schlechtem Gewissen, denn der Hund kann unmöglich auf seine artgerechte Beschäftigung verzichten. Wo kämen wir da hin? Dann lieber sich selbst überfordern, aber am Hund wird nicht gespart. Das permanente Schauen, was er so tut, was er sich so wünscht und das konstante Um-ihn-Herumtänzeln, macht unseren Fellfreund im Gegenzug auch irre wichtig. Wir achten peinlichst genau darauf, dass er ja genug Ausgleich für diverse Widrigkeiten des Alltags hat. Und was macht es mit dem Hund? Wer nach zwei Stunden Spazierengehen meint, er müsse den Hund noch Indoor beschäftigen, bitte einfach mal darüber nachdenken, wo diese Reise hingehen soll. Was, wenn die Grippe einen niederstreckt und Lumpi zwar die fehlenden zehn Kilometer Radfahren noch wegatmet, aber beim Wegfall der Bespaßung am heimischen Herd die Nerven verliert? Auch hier sind wir schnell im Frustdilemma. Wie fühlen wir uns denn, wenn man uns feste Zusagen macht und diese nicht eingehalten werden? Frust entsteht aus unerfüllten Erwartungshaltungen und je nach Typ Mensch oder Hund fällt die Reaktion darauf aus. Da gibt es den theatralischen Zusammenbruch à la Diven-Style oder das motzige Luftanhalten, bis der Schwindel einsetzt. Wenn Emotionen ihren eigenen Ausdruckstanz choreographieren, dann ist Schluss mit Logik und Benimm.

Viel hilft nicht immer viel, und wer den Marathonläufer erst einmal hochtrainiert hat, der erkennt bald, dass die Grippe das kleinere Problem ist. Denn, wer Erwartungshaltung beim Hund aufbaut, über Jahre, der darf nicht einfach so aussteigen. Der Animateur ist gebucht auf Lebenszeit, deshalb bitte Obacht beim Abschluss von Entertainment-Abos.

Die gute goldene Mitte, da kommt sie wieder zum Tragen: Frust aushalten, ein Lernziel, das nicht zu unterschätzen ist. Hunde, die Schlag 12:30 Uhr ihren Besitzern lauthals klarmachen, dass diese jetzt sofort in die Gummistiefel müssen – guckt mal, wer bei Euch den Tagesablauf wirklich bestimmt … Routine ist hier sicher nicht das Problem, aber wir erinnern uns an die Manolo Blahniks im Regal – kann ich ein Verhalten abstellen, wenn ich es heute und jetzt und ab sofort nicht mehr möchte. Und wie fair ist es? Erst reinlaufen lassen und dann, von jetzt auf gleich, will der Halter das »Ach ist das goldig«-Verhalten nicht mehr. Besser einmal etwas früher nachgedacht, ob es auch noch in fünf Jahren witzig ist, was wir da so laufen lassen! Erst nervt es, später stört es! Hat man dann Druck, etwas in kurzer Zeit korrigieren zu müssen, weil sich beispielsweise das tägliche Umfeld ändert, na dann gute Nacht. Leidensdruck und keine Zeit sind sehr schlechte Berater.

Nicht immer ist es Frust!

Natürlich ist nicht immer alles mit Frust gleichzusetzen, was uns im Leben vor die Füße fällt. Ab und an sind einfach die Interessen von Mensch und Hund unterschiedlich. Sportskanone Susi rennt gerne über Hürden und ihr Molosser Ludwig nimmt dies zur Kenntnis, tut sein Bestes – aus Molosser-Sicht – und bekommt ein »teilgenommen« auf der Urkunde vermerkt. Ludwig war nicht zwingend frustriert, sondern nur auf der falschen Veranstaltung. Wir Menschen müssen die Qualität der Arbeit, die unsere Hunde im Rahmen ihrer Möglichkeiten für uns abliefern, schätzen lernen. Wenn der Hund gemächlich durch den Parcours läuft und dabei alles richtig macht, ist er dennoch ein Teamplayer. Er löst die gestellte Aufgabe und darum geht es ja. Ob er dies nun schneller, schöner, leichtfüßiger hätte tun können – vielleicht, vielleicht auch nicht. Ändert es die Tatsache, dass er die Aufgabe abgearbeitet hat? Nein! Enttäuscht das Verhalten die Erwartung des Besitzers oder der Zuschauer? Eventuell. Aus einem Fiat Panda macht man keinen Ferrari, auch, wenn beides mit »F« anfängt und aus Bella Italia kommt. Jeder Hund hat seine eigene Dynamik, so wie wir. Es gibt die chronisch hektischen, die Bewegung als Wundermittel für alles erachten, es gibt die Pragmatiker und die Dichter und Denker, die man eher selten beim Joggen und Stabhochsprung trifft. Sie überdenken lieber, ob es sich lohnt und was es global betrachtet für einen Vorteil bringen würde, an einer Stange durch die Luft zu turnen. Sind sie deswegen schlechter als die dynamischen Hysteriker, die Unwissenheit und Überforderung durch viel Action top verkaufen? Sicher nicht! Wenn man seinen Hund als das wahrnimmt, was er ist, wird vieles leichter.

Wenn Hundehalter ihrem Vierbeiner das Leben verschönern wollen, dann sind der Vielfalt an Beschäftigungsmöglichkeiten kaum Grenzen gesetzt. Wir möchten dem Hund etwas anbieten, damit er es gut hat, auf seine Kosten kommt und nicht frustriert zu Hause vor Langeweile die Tapete von der Wand pellt. Frust, wenn man etwas macht, Frust wenn man nichts macht – Frust ist wie Kaugummi am Schuh! Ja, der kleine Frust für zwischendurch braucht eben auch eine Daseinsberechtigung, ist aber nicht so oft an allem Schuld, wie der Mensch es ihm unterstellen mag.

Wir Menschen empfinden uns häufig als besonders einfallsreich, wenn es um die Auslastung rund um den Hund geht und sind stets der Überzeugung, dass unsere Kreativität kaum zu übertreffen ist. Es mag daran liegen, dass uns spontan wenig Aufregendes für den Hund einfällt und wenn wir dann endlich mal einen Geistesblitz erhaschen, na dann muss das ja gefeiert werden, als gäbe es kein Morgen. Blöd nur, wenn der Hund unser persönliches Highlight direkt entschlüsselt und sagt: »Du, das ist Schema 27A, Absatz C, das kannst Du selbst machen. Ist ein oller Schuh – laaaaangweilig!«

Sind wir mal ganz pragmatisch. Wieviel Möglichkeiten gibt es für einen Hund, durch einen Slalom zu laufen? Ist es wirklich so spannend, wenn ich das Apportel heute mal in einen Apfelbaum, statt in die Fichte hänge? Gewiss sind Variationen erfrischend, doch wenn der Hund nun dieses Fachgebiet ohnehin als seine Komfortzone kennt, dann wird es auch nach der hundertsten Wiederholung öde und der Hund macht halt mal eine Pirouette, kommt nicht direkt zurück mit dem Apportel und genießt etwas die Auszeit von der Routine. Der gut geschulte Vierbeiner hat seinen Part längst gelernt und zeigt uns dann die lange Nase. Die Aufgaben werden zwar erledigt, aber die Ambitionen beim Hund lassen nach oder die Pirouetten nehmen zu. Der ambitionierte Sportler baut sich selbst kleine Variationen und Tücken ein, kostet die Suche nach dem Apportel im Wald in vollen Zügen aus und aus einem flotten »Hin und Zurück« wird ein »Warte kurz, ich komm gleich!« Die Teilnehmer beim »Such- und Bring«-Training sind alle begeistert, wie schnell der Hund so rennen kann. Seelig sind die, die den Unterschied zwischen Selbstbespaßung und korrekter Arbeit nicht erkennen. Spätestens, wenn das hektische Rennen nicht in der Lösung der Aufgabe endet, wird auch dem Letzten klar: »Der macht gerade, was er will!« Dann braucht zumindest der Halter postwendend eine Erklärung für das Szenario. Schnell wird die Frustkarte ausgespielt. »Der macht das jetzt nur, weil er vorhin mal warten musste!« Aha, wirklich? Wenn der kluge Hund weiß, wo das Apportel liegt, weil man zum fünftausendsten Mal denselben Wurf im selben Waldstück getätigt hat, dann kann er das Apportel auf dem Rückweg immer noch einsammeln. Bis dahin wird geturnt, getanzt, gewunken und gerannt. Hundesein muss sich ja schließlich auch lohnen!

Ist das Frust beim Hund? Kann sein, oder aber auch einfach nur eine Alternative zur langweiligen Wiederholung. Ein L'Oréal-Event, weil Dein Hund es sich Wert ist! Hunde handeln nicht gegen uns, sondern reagieren auf das, was wir an Signalen ungefiltert aussenden. Andersherum können wir aber auch sehr schön sehen, wie durch unsere Ideen der Hund immer mehr in die Erwartungshaltung gedrückt wird. Sobald das Hundetaxi auf dem Weg zum Agility-Platz einbiegt, schreit es schon heiter aus dem Kofferraum: »Los, los, mach die Tür auf, ich sehe ja schon den Tunnel!« Was überwiegt? Der Frust, dass es dauert, oder der Wahn des Workaholics, der immer bedient wird? Die Grenzen sind oft fließend und ein genaues Hinschauen lohnt immer.

Unterm Strich geht es nur darum, dass der jeweilige Halter mit seinem Hund seine persönliche Glückseligkeit findet. Solange alle im Einklang sind, fantastisch. Hunde, die im Verhalten etwas schwieriger sind, nicht mit dem sprichwörtlichen »Will to please« um die Ecke kommen, brauchen Menschen, die damit umgehen können. Um nichts anderes geht es. Ist das Team glücklich, nimmt jeder den anderen so, wie er ist, dann darf's auch mal etwas »frusteln«, wenn der eine heute unbedingt mehr will als der andere.

Hunde, die schnell in der »Denke« sind – sprich intelligent –, bringen eben viele Lösungsansätze aufs Tablett. Willkommen zu »Your Dog got Talent!«

Jeder Mensch will einen schlauen Hund!
Doch nur die wenigsten Hundehalter
erkennen ihn, wenn er vor ihnen steht und
sich ihnen offenbart.

Wenn wir die Alternativen, die unsere Hunde uns beim Bewältigen von gestellten Aufgaben anbieten, mehr in die Bewertung rund um ihr Können einfließen lassen würden, dann wären wir am Ende des Tages ein wenig klüger. Was sagt es denn aus, wenn mein Hund um die Ecke denkt? Dass ich das bitte ebenso tun sollte, oder? Wer fordert wen, wer ist einen Schritt voraus? Dinge, die uns im Training, respektive im Leben Schwierigkeiten bereiten, zeigen uns doch erst, wie wir mit unserem Vierbeiner umgehen sollten. Hunde sind gute Lehrmeister, erden uns und halten uns oft den Spiegel vor. Wir begegnen uns doch ein stückweit selbst in unserem Gegenüber. Schauen wir mutig in den Spiegel hinein und arbeiten mit dem, was wir sehen. Denn alles, was wir im Anderen wahrnehmen, ist ein Spiegelbild unseres Innenlebens.

Die Rolle von Hundetrainern

Um dem »normalen« Hundehalter wieder etwas das Kreuz zu stärken, ist es wichtig, dass wir Fachleute und Dienstleister rund um den Hund aufmerksam bleiben. Wie anfangs schon erwähnt, ist es der Job des Trainers, den Kunden mit seinen Wünschen und Sorgen zu begleiten, zu stärken, aber auch einmal zu bremsen.

Flexibilität am Arbeitsplatz

Was im Einzeltraining oft ein Leichtes zu sein scheint, kann in der Gruppe hurtig eine Schlitterpartie werden. Unterschiedliche Menschen, unterschiedliche Ansprüche. Nicht jeder ist menschlich mit jedem kompatibel, dazu noch Hunde, die sich anstacheln und gegenseitig bewegen. Energie, die an allen Ecken überschwappen kann. Wir, vom Fach, sollten das händeln können. Flexibilität am Arbeitsplatz, viele wünschen es sich, wir Trainer kennen es nicht anders. Es ist sicher einer unserer Träume, morgens vor einem Event, die klare und im Ordner säuberlich abgeheftete Vision von dem »SUPER-WORK-SHOP« zu haben. Gut, es gibt Ordner, die schön beschriftet sind, auch mit tollen Ideen bestückt, und dann steht man vor einer Gruppe Menschen und fühlt: »Das kannst Du heute nicht machen!«

Die Menschen bringen eine Energie mit, die eingefangen werden muss, das Thema bleibt, aber die Umsetzung wird direkt beim ersten »Hallo« radikal verändert. Dinge entstehen lassen, aus der Situation heraus – für uns ist das immer wieder interessant und spannend zugleich.

Natürlich sollte es bei der ausgeschriebenen Veranstaltung bleiben, aber was, wenn ein Mensch-Hund-Gespann beim ersten Punkt auf der Agenda strauchelt? Darüber hinwegsehen, es ignorieren? Sein Ding durchziehen, nur weil man es sich so vorgenommen hat? Natürlich ist es müßig, wenn ein Teilnehmer den komplett falschen Workshop gebucht hat, soll alles schon vorgekommen sein. Geübt wird Seilspringen und der Halter hat ein steifes Knie und einen Basset. Das mag jetzt etwas sein, das man hätte abklären können, allerdings macht das Leben doch mit uns allen, was es will. Es geht uns darum aufzuzeigen, dass man sich auf Widrigkeiten einlassen können muss und es immer eine Lösung gibt. Dann schwingt der Teilnehmer mit dem steifen Knie eben das Seil und der Basset übt sich in der Zeit im Still-Liegenbleiben. Kein Kunde sollte sich schlecht fühlen müssen, nur weil es nicht so planmäßig verläuft, wie vom Veranstalter gewünscht.

Da müssen sich die Profis einfach einmal etwas mehr einbringen – raus aus der Hängematte und die Situation für jeden Einzelnen in der Gruppe passend machen – das ist die Aufgabenstellung. Selten haben Hundehalter gleich von Beginn an die Stärke, einfach zu sagen: »Hey Trainer, das funktioniert für mich und meinen Hund nicht. Ändere es bitte oder ich gehe.« Okay, der Ton macht die Musik. Aber was könnte uns Trainern besseres passieren, als Kunden, die genau sagen können, was sie wollen. Menschen, die sich vor ihre Hunde stellen und signalisieren, dass es anders laufen sollte. Und ganz ehrlich, wenn es erst zu einer größeren Eskalation kommen muss, dann war im Vorfeld schon was im Argen. Diskussionen sind gesund, beleben das Miteinander und wer sich positionieren kann, der sollte auch kein Problem damit haben. Ebenso sollten wir als Dienstleister mit konstruktiver Kritik umgehen können, Dinge und Wünsche unserer Kunden ernst nehmen und uns selbst reflektieren. Wir sollten nicht versuchen, nur weil wir frieren, unserem Gegenüber unser Mäntelchen überstülpen zu wollen und Neins – auch wenn es schwer fällt – akzeptieren.

Es gibt auch die Dienstleister-Kunden-Kombi, die schlichtweg nicht passt. Jeder hat eine andere Vorstellung vom Glück. Dann gibt es allerdings jederzeit die Möglichkeit zu gehen oder die Tür aufzuhalten. Kommunikation ist alles.

Einer aufkommenden Gruppendynamik entfliehen zu können, weil sie für den eigenen Hund oder die eigene Person schwierig auszuhalten ist, muss man üben. NEIN sagen zu anderen, ist ein JA zu sich selbst. Vielleicht hilft dieser Blickwinkel dem einen oder anderen weiter. Sich einen Hund anzuschaffen, ist ein stückweit wie sich einen Therapeuten ins Haus zu holen. Wir denken an Gassigehen und enden in der Selbstanalyse. Hunde sind einfach gute Lehrmeister.

Zucht- oder Tierschutzhund?

Unsere Anforderungen an den Wunschhund hatten wir schon kurz aufgeführt. Hier gehen wir noch einmal etwas mehr ins Detail und wagen uns auf das Terrain von »Zucht« und »Tierschutz«. Sicher heiße Themen, die hie und da zu Schnappatmung führen werden. Aber wir müssen da durch, gehören sie doch ebenfalls zum Bereich »Hund«. Jeder sollte, so unsere Meinung, den Vierbeiner haben dürfen, den er sich wünscht. Ungeachtet von Herkunft, Rassezugehörigkeit und was es sonst noch alles gibt. Das finden wir absolut legitim. Auch wir entscheiden uns, frei von Meinungen von außen, für unsere Hunde. Manche Hunde kommen, weil's spontan passt, andere werden etwas mehr gesucht, so ist das nun einmal.

Selbstverständlich sind wir gegen Massenzucht, Schnäppchenhunde aus dem Kofferraum und Hunde, die man sich anschafft, ohne deren Haltungskriterien zu erfüllen. Den Herdenschutzhund im 3. Stock Downtown Wuppertal hatten wir ja schon. Egal, wie sehr wir

Menschen uns mit »Spezialisten« bemühen, es gibt Dinge, da muss man realistisch sein. Dazu gehört auch, dass gewisse Hundetypen (nicht Rassen!) nicht dazu dienen, ihr Leben als »Schau mal, habe ich gekauft, weil ich kann's bezahlen«-Objekt fristen sollten. Eigentlich sollte das gar kein Hund, wenn man genauer darüber nachdenkt.

Die Lager zwischen »Nur der Tierschutzhund ist der richtige Hund!« und »Nur Rassehunde sind einwandfrei« kennen wir zur Genüge und erklären hier deutlich: Da machen wir nicht mit! Denn worum geht es in diesem Buch? Um den Hund und was unser Zutun mit ihm macht. Da ist es uns relativ egal, ob wir die schwere Kindheit als Entschuldigung für alles vorschieben oder die Rassezugehörigkeit für schlechten Benimm benutzen wollen. Wir dröseln es dennoch einmal auf und manövrieren uns durch dieses konfliktbeladene Terrain. Helm auf, Fallschirm um und Absprung!

Der ideale Hund aus der idealen Zucht

Da ist ein Mensch, der gerne einen Hund möchte. Er sucht nach einer bestimmten Rasse, denn er möchte keine Mogelpackung und schon gar keine Wundertüte, die am Ende ein Stockmaß von 60 cm hat, anstatt der gewünschten 45 cm. Nein, keine Lust auf extreme Überraschungen, also lieber auf Nummer sicher gehen. Soweit so gut. Auf der Suche nach seinem Wunschhund wälzt der zukünftige Hundehalter eifrig Bücher und befragt intensiv das schlaue Netz. Irgendwann ist es dann entschieden und das passende Modell ist eingekreist. Der als perfekter Familienhund beschriebene Hund, der zudem schnell lernt und weißes Fell mit drei grünen Punkten hat, in den hat Mensch sich verliebt. Das war doch gar nicht so schwierig, bis hierher. Nun stellt er sich artig bei diversen Züchtern vor und legt seine Erwartungen an das neue Familienmitglied offen. Findet der potenzielle Neuhundehalter dann noch einen Züchter, der top informiert ist, transparent seine Zuchtstätte zeigt und seine Ziele in puncto Rassestandard darlegt, dann ist doch eigentlich alles gut. Züchter, die ihre Interessenten gut betreuen und auch mal Tacheles reden, unbezahlbar. Es gibt sie, diese Züchter, die nachts um halb drei noch höflich ans Telefon gehen, wenn Waldemar hüstelt. So darf es sein und so haben doch alle etwas davon. Der Züchter weiß seinen Welpen in guten Händen, wird stets um Rat gefragt und in vielen Fällen schließen Züchter und Halter eine Art Bund fürs Leben. Gute Freundschaften entstehen und das Interesse am abgegebenen, selbstgezüchteten Hund verebbt nie. Klingt das nicht nostalgisch? Es kommt tatsächlich vor. Es gibt die Züchter, die sich mühen und verbindlich bleiben, auch, wenn es mal holprig wird. Man muss eventuell länger suchen, aber es lohnt sich.

Nun ist der tollste Hund der Welt endlich da und wird geherzt und getüttelt. Waldemar ist ein Traum, nur schimmern seine ursprünglich in grün bestellten drei Punkte dezent rosa. Egal, denkt sich die Besitzerin, dann ist er eben was ganz Besonderes. Wer hat schon so etwas Ausgefallenes und Hauptsache gesund! Fabulös! Umtauschen wegen drei Fehlpunkten kommt nicht infrage, ist doch nicht wichtig, denn Waldemar hat einen tollen Charakter, darum geht es doch. Es macht den Hund nicht besser oder schlechter. Hund ist halt so. Er wird geliebt für das, was er ist und nun ist er auch noch spezieller als speziell – so einen hat nicht jeder. Der Züchter bedauert den Rosaschimmer und versichert, es wäre nicht wie bei den Flamingos an die Nahrungsaufnahme gekoppelt. Natürlich würde man den Waldemar zurücknehmen, aber das war für die Halterin nie ein Thema. Alles gut, man spricht miteinander und jeder versteht – keiner hat Schuld. Waldemar ist halt eine Wundertüte, aber eine mit Ahnentafel. Sachen gibt's, ist schon witzig. Das Glas ist eben halbvoll oder halbleer. Die Einstellung zu einem vermeintlichen Problem ist des Pudels Kern.

*Die einen nehmen es sportlich, die anderen
verzweifeln am zuchtausschließenden Fehler.
Die Züchter unter den Lesern kennen das.
Unangenehm, es anzusprechen, aber wenn
das Nachzuchtexemplar ausgerechnet als
einziges nicht ganz korrekt ist ... Puh,
es schreibt sich schon irgendwie nicht gut.
Ein nicht korrekter Hund – so heißt es in
Fachkreisen. Es lebe der Formwert.*

Gehen wir der Emotion um den fehlerhaften Hund doch weiter nach: Gewünscht war in diesem Fall ein Hund, der alle Vorgaben einer bestimmten Rasse erfüllt: weiß, mit maximal drei grünen Punkten. Und nun werden aus den grünen Punkten rosa Punkte. Dieser »Fehlpunktler« darf nun also nicht in die Zucht und sich durch den eigenen Nachwuchs einen Namen machen. Was Waldemars Besitzer einfach so akzeptiert haben, läuft im Haus »Gunnar von der Wegwarte« etwas differenzierter ab. Gunnar ist nicht nur Hund, sondern auch Hoffnungsträger seines hochwertigen Genpools. Er selbst hat zu seiner Fehlfärbung wenig Bezug. Warum sein Frauchen andauernd im Internet nach Fleckwegmittel sucht, Gunnar begreift es nicht. Frauchen telefoniert seit der Fleckensichtung auch immer ganz hektisch und wedelt dabei hysterisch mit der Ahnentafel. Warum nimmt sie keinen Fächer, wenn sie Hitzewallungen hat? Gunnar nimmt die Gespräche über seine Fehler gelassen, kann er ja nichts dafür, wenn die Menschen so lange rumzüchten, bis aus Grün Rosa wird. Unterm Strich ist nach Wochen des Enttäuschtseins irgendwie alles wieder gut und Frauchen arrangiert sich mit Gunnar. Er sei ja so ein toller Hund und man hätte ihn in den letzten Monaten wirklich, wirklich, wirklich so lieb gewonnen. Gunnar denkt sich, warum nur wiederholt sie alles dreimal am Telefon, ist doch selbstverständlich, dass man sich mag.

Zumindest er tut das bedingungslos. Er findet zwar auch, dass Frauchen in ihrem Alter keine Leggins mehr tragen sollte und bauchfreie Tops, bei denen die Shapeware unten rausblitzt, somit ihren Reiz verlieren, aber hey, jetzt hat er sie halt als Frauchen, dann behält er sie auch! Jeder hat so seine Fehler. Sei's drum!

Erwartungen machen den Unterschied

Nun sind die Reaktionen auf ein Haar in der Suppe recht unterschiedlich. Wer einen Hund ohne Erwartungen anschafft, der merkt die Schwere dieses vermeintlichen Zuchtfehlers erst einmal nicht und darauf angesprochen, ist es demjenigen wahrscheinlich auch egal. Er wollte nur einen Hund, der zu dieser Rasse gehört, aber »en détail« sind kleine Mängel doch völlig irrelevant. Der Hund ist der beste Hund der Welt und nun noch etwas ganz Besonderes. Haken dran.

Wer aber mit diesem Hund Pläne hatte, beispielsweise auf Ausstellungen Pokale gewinnen wollte und Nachkommen eingeplant hatte, für den ist der Supergau passiert. So weichen die Empfindungen auseinander. Für Besitzer A ändert sich nichts an der Liebe zu seinem Hund, Besitzer B dagegen ist womöglich fassungslos und enttäuscht.

> *Was sind wir Menschen nur immer so schnell*
> *enttäuscht über Dinge, die die Natur*
> *mal so einfach für uns aus dem Ärmel zieht.*
> *»Hier, Ihr schwarzer Peter, spielen Sie*
> *weiter und hören Sie auf zu jammern!«*
> *Das möchte man manchmal einfach sagen.*

Und erneut drehen wir uns um die Tatsache, dass wir Menschen uns häufig selbst zu sehr in den Vordergrund stellen und dabei vergessen, dass Hunde keine Sache sind. Ärmel zu kurz, Knopf fehlt, Hemd kommt in die Altkleidersammlung. Hund mit Mängeln kann zur Nachbarsfamilie umziehen, dafür wird es reichen. Nichts, was es nicht gibt. Und wir finden auch, dass es besser ist, einen Hund an nette Menschen abzugeben, als ihn dort zu belassen, wo er als nutzlos abgestempelt und zu einem durchlaufenden Posten deklariert wird. Eine Abgabe kann für einen Hund auch immer eine Chance sein! Doch in diesem Fall ist die Notlage fernab von gegeben. Ein Luxusproblem, so nennen wir es mal. Selbst gemacht und dann schnell wieder weitergereicht.

> *Moralisch bleibt der Beigeschmack, dass wir*
> *Menschen es uns häufig zu leicht machen.*
> *Kaufen, begutachten, verkaufen. Ist das richtig,*
> *ist das nötig, nur um den perfekten Hund*
> *zu ergattern? Shoppen, bis der Arzt kommt,*
> *zum Erhalt der Zuchtlinie und umtauschen,*
> *bis es passt?*

Wenn man Hunde nur noch als Mittel zum Zweck erachtet, sollte man sich fragen, welche Lücken damit für einen gestopft werden. Könnte man nicht einfach einen Kurs für kreatives Stricken belegen? Füllt auch den Zeitplan und man ist mit sich beschäftigt. Der Deckmantel der Tierliebe wird in diesen Momenten arg kurz und will vorne nicht mehr zugehen.

Wenn wir ehrlich sind, dann ist es doch mit nichts zu rechtfertigen, dass wir mit Hunden so umgehen. In bestimmten Kreisen mitmischen wollen und eine Rasse so lange optimieren, bis man sie am Ende gar nicht mehr erkennt? Warum können wir Dinge, die von Natur aus schon so brillant gelöst sind, nicht so belassen? Müssen wir zwanghaft alles neu erfinden oder es uns dauernd passend machen? Ja, es ist ein sehr heikles Thema. Auch wir kennen Züchter, haben

Rassehunde und niemals darf man pauschal alle über einen Kamm scheren. Das ist auch nicht unser Ansinnen. Aber polarisieren, richtig dick auftragen, warum nicht. Hunde, die nicht mehr atmen können, die ihre Beinlänge eingebüßt haben, die farblich so weit weg sind von dem, was es mal war. Wer hat es denn bitte verursacht? Angebot und Nachfrage, das leidige Thema. Jeder beansprucht für sich, es richtig zu machen und nun die Frage: Warum ist es denn dann so wirr geworden? Entschuldigung, aber Hunde ohne Schnauzen und ohne Beine, da wird doch die Suche nach dem Fehler zwingend erforderlich!

Das, was uns alle beruhigt, ist, dass Hunde nicht über den Artenschutz betreut werden müssen. Also, wie groß ist unser Leidensdruck, immer mehr Hunde um fast jeden Preis produzieren zu müssen? Hand aufs Herz, so geht Reflexion.

Das gesunde Maß macht es aus. Sich nicht in etwas verlieren, nur weil man es in der Gruppe der Gleichgesinnten so macht. Sich gezielt auch unangenehmen Fragen stellen – unsere Minimalforderung, wenn es um Hunde geht.

Wie gesagt, wir selbst besitzen auch Rassehunde, mögen grundsätzlich alle Hunde, egal woher und egal welcher Couleur, doch alles hat seine Grenzen.

Miles & More, der Rassehund kommt geflogen

Häufig sehen wir Bilder in den sozialen Netzwerken, in denen der neu eingeflogene Rassehund mit leerem Blick nach stundenlangem Flug am Flughafen aus der Box befreit wird. Und was ist das Wichtigste, was erledigt werden muss? Na klar, Selbstdarstellung und Selfie. So ein artiger Hund, hat alles weggesteckt wie nix. Wie bitte, wer war denn im Frachtraum mit dabei? Wer hat es gesehen oder gehört, wie sich ein Hund mit fünf Monaten fühlt? Erste Transporterfahrung:

zehn Stunden Flug. Es wundert uns sehr, dass niemand hinterfragt, was da los ist. Es regnet Glückwünsche und alle hoffen, dass das neue Hundchen zuchttauglich ist. Entschuldigung, wann geht es denn mal um den Hund? Ihr Lieben da draußen, so etwas ist belastend für einen Hund. Und nur, weil man es sich selbst gerne schönredet, weil es nämlich ums Habenwollen geht, bedeutet es nicht, dass man es gut gemacht hat. Hunde werden aus diversen Gründen von A nach B befördert, es mag manchmal mehr oder weniger Sinn für uns ergeben. Aber so lange dermaßen unsensibel mit Hunden umgegangen wird, wie wir es schon oft gesehen haben, so lange werden wir es ansprechen.

Es sind starke Worte, aber es ist auch an der Zeit, vom Karussell des »Das kann man nicht sagen« abzusteigen. Wo soll es hinführen? Wem nutzt es, wenn wir rumeiern und jedem den Puls fühlen. Immer auf Zehenspitzen umherlaufen, damit man niemandem auf den Schlips tritt? Wir haben uns entschlossen, genau das nicht zu tun.

Lasst uns noch eine Anmerkung machen: Es ist ein Unterschied, ob Hunde im Dienst rund um den Menschen besondere Wege einschlagen oder für das private Amusement den Globus umrunden. Nehmen wir beispielsweise die Rettungshunde, schauen wir auf das THW, das Rote Kreuz, was wären wir ohne sie? Menschen, die eng im Team mit ihrem Hund um die Welt reisen, um in Notsituationen ihre Dienste anzubieten, möchten wir hier ausklammern. Es gibt, wie sollte es auch anders sein, die Ausnahmen. Hunde im Beruf werden allerdings auch etwas anders auf ihr Leben im Job vorbereitet als Welpen, die man einfach mal so einpackt. Bitte lasst uns das differenziert betrachten. Diensthunde, die professionell für eine bestimmte Arbeit ausgebildet wurden, haben einen Partner an ihrer Seite. Sie haben Erfahrungen, sie durften bereits lernen. Da bleibt ein Flug immer noch ein Erlebnis, das man gerne vermeiden würde, aber das Ziel, Leben zu retten, ist hier unserer Befindlichkeit übergeordnet. So darf man es wohl stehen lassen.

Hunde aus dem Tierschutz

Sind wir Menschen eigentlich entspannter, wenn wir uns für einen Hund entscheiden, der eine »schwere Kindheit« hatte? Ist Mitleid die richtige Motivation, um sich dem Thema »Hund« zu widmen? Verlagern wir unseren Blick einmal auf die dunkle Seite der Hundewelt. Auf die Seite der Hunde, die nicht mehr gewollt, misshandelt, entsorgt werden, weil sie etwas nicht erfüllen, etwas nicht bedienen, was irgendeine Person oder eine Gesellschaft definiert hat. Schlimm und grausam ist so eine Vorstellung für uns Hundeliebhaber, sind wir doch voller Empathie und dem Bestreben, für die Hunde dieser Erde alles besser machen zu wollen. Alle Hunde kann man nicht vor Unheil bewahren, aber wenigstens für den einen Auserwählten machen wir es besser – sein Leben wird wieder lebenswert. Schön soll dieser Hund es zukünftig haben. Ja, so sind wir Menschen: Wir malen uns eine ideale Szenerie für unser Projekt und dann wird gerettet.

Ein Thema mit viel Emotion

Die Arbeit rund um den Tierschutz ist wie ein Fass ohne Boden. Es fehlt an Geldern, an Freiwilligen und leider allzu oft an Fachleuten, die nicht mit Mitleid, sondern mit neutralem Blick auf das Elend schauen. Schwierig, denn ist ein emotional total hochgekochtes Gemüt ein guter Berater? Verfolgen wir Rettungsaktionen rund um den Hund in den sozialen Netzwerken, so scheint fast ein Wettkampf darüber entbrannt zu sein, wer denn die schlimmsten F(a)elle betreut. Und welche Organisation in den düstersten Regionen die meisten Hunde rettet. Der Irrsinn ums Elend hat in den letzten Jahren eine neue Stufe der Absurdität erreicht. Es ist wichtig zu helfen, Leid von Tieren abzuwenden und aufzuklären. Aber all dies sollte gut durchdacht sein, und zwar bis zum Ende. Hunde, die man husch husch im

Urlaub von der Straße rettet, ohne, nach dem Urlaubsende dann zu wissen, was mit dem Tier eigentlich geschehen soll, kreieren eher ein neues Dilemma. Nett gemeint, aber schlecht gemacht. Eine Kernfrage rund ums Elend ist, ob denn die Relation noch stimmt? Worum es uns geht? Um einen differenzierten Blick auf Dinge, die wir womöglich schon alle lange kennen und auch in diversen Foren zigfach diskutiert haben. Dennoch tut sich nichts oder nur wenig. Versteht Ihr, was uns um- oder vielmehr antreibt?

Sich zu trauen, Dinge vernehmbar laut infrage zu stellen, öffentlich, nicht scheu, eine Reaktion hervorzurufen. Darf man so etwas? Man darf und muss! Aber es braucht Mut oder eher das Wissen, dass man seinen Standpunkt nach langer Zeit und vielen Erfahrungen in der Hundewelt vertreten und erklären kann. Es geht nicht um Mainstream, sondern um »Brainstream« – mitdenken erwünscht, sich Freunde machen nicht zwingend erforderlich, wenngleich nicht ausgeschlossen.

Kritisches zum Tierschutz zu äußern, ruft schnell pauschale Beschimpfungen hervor. Man wird in eine Schublade gepackt, in die eine, ganz unten im Kommödchen. Man wird als schnöder Fan von Rassehunden tituliert, wird zum »Antiadoptanten«. Züchter sind alle geldgierig, Rassehundeliebhaber sind allesamt prestigegeil und frönen dem sinnfreien Kommerz. Was der Zorn halt hergibt, wird in die Welt posaunt. Verachtung statt Verständnis. Da wundert es einen nicht, dass die Welt so ist, wie sie ist. Unter Hundehaltern gibt es keine ausreichende Toleranz, warum sollte es dann global besser laufen? Zuchthund oder Tierschutzhund, alle haben ihre Berechtigung. Nicht besser, nicht schlechter, einfach Hund – und um den geht es!

Darstellung in der Öffentlichkeit

Entscheidend ist doch die Herangehensweise. Wenn es wirklich um den Hund geht und nicht die eigene mediale Selbstdarstellung als Wohltäter und Retter in der Not überwiegt, dann ist erst einmal alles gut. Denn Gutes tun ist löblich, über sich und seine Leistung zu protzen, muss nicht sein. Einfach machen, geht auch. Werbung ja, denn Spenden müssen sein, aber allzu oft wird auf Kosten der Tiere agiert. Hund noch total verstört und krank aus dem LKW gezerrt – Selfietime. Da könnte man auf jeden Fall mal überdenken, wo der Fokus in diesen Situationen liegt? Und schon haben wir eine Schnittmenge zu eingeflogenen Rassewelpen für teuer Geld und halbtoten Auslandshunden. Beides gar nicht so weit voneinander entfernt. Interessant.

Man behauptet ja, ein Bild sagt mehr als tausend Worte. Vielleicht lässt es sich so greifbar machen, was uns stört. Wenn auf einem Bild mehr Mensch als Hund zu sehen ist, dann ist der Fokus falsch eingestellt, wenn es um den Hund gehen soll, den man so schnell wie möglich ablichten möchte. Papiere müssen zugeordnet werden, die Dokumentation für Interessenten soll zeitnah anlaufen, dann wäre es eventuell ratsam, NUR den Hund abzulichten und nicht noch die eigene Hochsteckfrisur mit aufs Bild zu zwängen. Es sei denn, der/die Tierschützer*in möchte ebenfalls adoptiert werden. Dann macht es natürlich Sinn. Wer also einfach nur distanzlos mit aufs Bild will und einem verstörten Hund auf die Pelle rückt, der rückt sich selbst in den Vordergrund, und zwar im falschen Moment. Etwas mehr Sensibilität, das wäre sicher nicht zu viel verlangt.

Werbung für die eigene, gute Sache – wir sagen es gerne noch einmal, ist sehr wichtig. Tierschutz kostet Geld und dieses ist immer knapp. Wer seine Person in den Dienst des Tierschutzes stellt, der darf auch seine Persönlichkeit für die gute Sache nutzen. Alles, was einem Hund in Not dienlich ist, darf in die Waagschale. Aber niemals auf Kosten der Hunde.

Gerne sehen wir Menschen mit großer medialer Reichweite, die ein Tierschutzprojekt nach vorne bringen. Sponsoren wollen ein Gesicht zu der »Marke« Tierschutz. Wenn ein Sympathieträger sagt: »Hey, das Projekt, das ist es wert, mein Name darf darunter stehen und ich bin noch dazu reich und berühmt!«, zugreifen und das Beste aus seinen weitreichenden Kontakten machen. Dazu braucht man aber noch immer keinen Hund vor der Handylinse, als Repräsentant für alle Hunde, die ausschließlich mit »Liebe und Geduld« ins neue Leben finden werden. Es ist nicht leicht, aber wenn der LKW mit den verstörten Hunden aufgeht, dann ist all das erst einmal sekundär. Was macht denn ein Tag für einen Unterschied?

Lieb, nett und sozialverträglich

Menschen haben viele Möglichkeiten, Tieren zu helfen. Aber was passiert mit Hunden, die als lieb, nett und sozialverträglich via Foto angepriesen werden und dann so ganz anders sind in echt? Wenn die unbedarften, aber sehr emphatischen »Adop-Tanten« mit Tränen in den Augen ihren geretteten Hund das erste Mal sehen und feststellen, der gefällt nicht und nett scheint er auch nicht zu sein. So ist es doch schon oft passiert, richtig? Alleine schon das Wort »Adoption« ist marketingtechnisch mittlerweile bei Tiervermittlungen wirkungsvoll etabliert und verhilft uns Menschen zu noch mehr Glanz, wenn wir einem Hund ein neues Zuhause anbieten. Wir werden nicht mehr Hundehalter, sondern »Eltern«. Was macht es mit dem Hund? Nur eine Formulierung oder schon ein Signal, als was wir Menschen unseren Mitbewohner Hund einsortieren?

Zweifelsfrei ist Tierschutz ein sehr großes Thema und unserer Ansicht nach auch ein sehr wichtiges. Man darf von diversen Vorgehensweisen und Organisationen halten, was man will, doch wer am Ende auch nur einem Tier hilft, der hat etwas richtig gemacht.

Foto im sozialen Netz, Adoption erfolgt!

Die Differenzierung zwischen Tierschutz im eigenen Land und Auslandstierschutz bedarf ebenfalls einiger Anmerkungen. Auch hier wissen wir um die Sensibilität des Themas, aber jeder kommt einmal auf den Prüfstand – auch wir.

Menschen machen Fehler, ob der Hund nun wochenlang beim Züchter liebevoll angeschaut wurde, bis er sich endlich seine Menschen »ausgesucht« hat. Oder, ob man einen unbekannten Vierbeiner per Foto aus Rumänien oder so aussucht und sich liefern lässt. Wir Menschen haben gute Absichten, doch leider reicht das nicht immer. Unbestritten finden wir aber die Tatsache, dass es in der Regel unklug ist, sich Hunde nach Bildern aus dem Internet anzuschaffen. Ob gerettet oder gezüchtet, ein Standbild hat keine große Aussagekraft und auch verwackelte Videos, die einen Hund mit seiner Bezugsperson zeigen, sind kein Garant für die Wahrheit. Was also unterscheidet den Auslandstierschutz oder besser gesagt die Direktvermittlung von Auslandshunden nach Deutschland von dem verpönten Ebay-Hundeangebot aus dem Internet?

Da sind auf der einen Seite gut sortierte Organisationen, die in den meisten Fällen einen tollen Job machen. Ehrenamtlich, rund um die Uhr und mit dem Herzen am rechten Fleck. Sich kümmern und abmühen, um es für Hunde in Not besser zu machen. Die Schwachstelle ist leider auch hier die Tatsache, dass die zu vermittelnden Hunde häufig noch im Ausland sitzen und die »Adoption« eines Hundes nur nach Sichtung von Bildmaterial geschieht. Gespräche finden statt und die Bewerber für einen solchen Hund werden vorab besucht und befragt. Eine böse Überraschung soll vermieden werden. Spielen wir das einmal durch:

Eine Familie ohne Hundeerfahrung hat einen Hund in Griechenland gesichtet, der ihnen optisch zusagt. Die Beschreibung deutet darauf hin, dass der Hund kinderlieb, freundlich und ohne Weglaufgefahr ist. Also beginnen die Mühlen der Vermittlung zu mahlen. Was für ein Gespräch möchte man mit fremden Menschen über einen fremden Hund führen, um sicherzustellen, dass alle zusammen zukünftig glücklich werden? Der Blinde erklärt dem Tauben den Weg. Das wäre spannend, jedoch wenig hilfreich. Wie zuverlässig Beschreibungen über Hunde sein können, die keine Erfahrungswerte im Umgang mit Menschen mitbringen, stellen wir hier gerne infrage. Auf was wird Wert gelegt, nach welchem Verhalten wird geschaut? Sagt ein ausgeführtes Kommando an der Leine mit einer Bezugsperson wirklich etwas darüber aus, ob der Hund kompatibel mit Kindern ist? Es gibt keine irrwitzige Beschreibung, die es nicht gibt. Es gibt aber auch die Guten, die stimmen. Unterm Strich bleibt ein »Hundekauf« nach Foto aus unserer Sicht nichts Greifbares, auch wenn vorab viel gesprochen und vermutet wird.

Es gibt auch unzählige Fälle, in denen der unbekannte Hund auf Menschen trifft, die es gut machen, und es scheint, als hätten alle aufeinander gewartet. Solche Erfolgsgeschichten lassen einen weitermachen.

Sie sind die Bezahlung für unentgeltliche Einsätze und viele Telefonate, bis der Hund endlich bei SEINEN Menschen ist. Das kleine Quäntchen Glück gehört definitiv dazu.

Tierschutz bedeutet Risiko, Fehler machen, daraus lernen und klüger werden. Es bedeutet durchhalten und mit wenig viel zu erreichen.

Aha, wir können auch Lob und Anerkennung, schaut an. Klar, weil wir genau wissen, wie diese Situationen, die unlösbar scheinen, sich anfühlen. Die Momente, wenn einem der gute Wille um die Ohren fliegt. Der Moment, wenn man erkennt – das wird nix. Ja, wir schreiben hier nur über Dinge, die wir selbst schon einmal erlebt haben. Wir sind mit Euch allen da draußen unterwegs. Mit Hund, mit Kunden, die uns vertrauen, mit Menschen, die Hundehalter werden wollen, mit Menschen, die ihre Hunde abgeben müssen. Sicher, nach all den Jahren sind wir recht kritisch und nicht so schnell zu überzeugen, dass morgen alles viel besser und anders wird. Aber wir sind noch auf dem Spielfeld mit dabei. Lernen dazu, lassen uns inspirieren und sagen auch mal forsch NEIN zu bestimmten Dingen. So ist das mit den Erfahrungen – man kann besser filtern und lernt, vieles wieder mit Abstand von außen zu betrachten.

Hunde auf Pflegestellen

Kehren wir zurück zu den Vermittlungen. Wie ist es denn mit Hunden, die bereits bei uns in Deutschland sind? Diejenigen, die die erste Stufe der Rettung schon hinter sich haben und nun hoffen dürfen?

Es gibt Hunde, die bereits in Deutschland sind und auf Pflegestellen auf ihre Vermittlung ins »Für-immer-Zuhause« warten. Sie können besichtigt werden, die Pflegestellen tun ihr Bestes, um ihre Schützlinge gut zu beschreiben und tierärztlich sind diese Kandidaten bereits untersucht. Eigentlich eine ideale Situation. Ob diese Hunde sich in der Pflegestelle so zeigen wie vor der Ausreise angepriesen? Das Fragezeichen reist mit. Dazu kommt leider immer wieder der Rosamunde-Pilcher-Effekt. Alle Hunde sind nett und mit Liebe und Geduld wird sich alles finden. Was bitte sagt das aus? Welche Signale werden an potenzielle Interessenten gesendet? Streicheln macht brav? Was, wenn es anders kommt? Hier wäre aus unserer Sicht etwas mehr Realismus angebracht. Kein Hund ist schlecht, nur weil er auch seine Grenzen klar definiert. Weniger Angst vor den Reaktionen des Hundes, das wäre ein Ansatz. Denn was, wenn der neue Besitzer im Selbsttest herausfindet, dass der flotte Spanier mehr Flamenco im Blut hat als erwartet. Es nutzt niemandem und schon gar nicht den Hunden, wenn wir nicht die Dinge beim Namen nennen. Würde man nicht wissen wollen, ob der Hund beispielsweise ein ausgeprägtes Beutefangverhalten zeigt oder Selbstschutzaggression an den Tag legt, wenn der streichelnde Mensch mit Liebe und Geduld an ihm rumhantiert? Die Angst, dass der Hund dann stigmatisiert wird, diese graue Wolke des Bedenkens, sollten wir endgültig aus dem Tierschutz vertreiben. Sie hilft den Hunden nicht. Es ist ungefähr so, wie sich die Augen zuzuhalten und dann überrascht tun, wenn man gegen den Türrahmen gelaufen ist. Wenn ein Interessent keinen Hund mit Futteraggressivität will, weil er es nicht handhaben kann, dann ist das eine klare, ehrliche Aussage und der Vermittler hat die Pflicht, zu dem Verhalten seiner Schützlinge klare und konkrete Angaben zu machen. Natürlich entwickeln sich Hunde weiter. Sie kommen auf ihre Pflegestelle und wissen nicht unbedingt viel von der neuen Welt, in der sie sich einfinden müssen. Sie lernen dazu und somit bleibt unter Umständen der Hasenfuß, der auf seiner Pflegestelle zurückhaltend war, nicht immer scheu und schreckhaft. Der ein oder andere ist, bestärkt durch das stabile Umfeld im neuen Zuhause, im Handumdrehen wie ausgewechselt. Solche Dinge kann auch eine kompetente Pflegestelle nicht vorhersagen. Aber, nun kommen wir wieder zum Türrahmen und den zugehaltenen Augen, wenn man von Beginn an nicht hinschaut, weil man eventuell etwas erkennt, was einer schnellen Vermittlung im Wege stehen könnte, dann ist das einfach Murks. Tendenzen sichten, eine solide IST-Zustandsanalyse durchführen und den Blick für das, was daraus werden kann, schärfen, das sollte schon drin sein!

Die Kompetenzen von Pflegestellen und Tierheimen variieren gewiss stark. Gibt es Standards, nach denen einheitlich bewertet wird, ob ein Hund zu Kindern oder anderen Hunden vermittelt werden sollte? Nein, es wird von Verein zu Verein, von Privat zu Privat bewertet und vermittelt, wie man glaubt, dass es sein müsse. Oftmals wird vergessen, dass der Hund nicht zur Pflegestelle passend gemacht werden muss, sondern auf ein Leben bei »Wer-weiß-schon-wem« vorbereitet werden sollte. Es ist eine komplexe Aufgabe, die mit sehr viel Verantwortung einhergeht. Eine wackelige Angelegenheit, wo es doch um ein fremdes Tier geht, dass vor allem Stabilität benötigt, oder?

Vorsicht beim Testen von Charakteren

Ein kurzes Wort noch zu dem angesprochenen Einschätzungsszenario: Es geht dabei darum, fremde Hunde auf gewisse Verhaltenszüge zu überprüfen. Es bedeutet nicht, einen Hund so lange zu bedrängen, bis er auslöst und womöglich nach vorne in den Menschen ballert. Wir wollen ja einem Hund keine Reaktion abverlangen, die wir dann im Nachhinein retour turnen müssen. Es geht lediglich darum zu schauen, was bereits da ist, und nicht darum, was der Hund lernt, wenn man lange genug gemein zu ihm ist. Oft genug haben wir beobachtet, dass Trainer Hunden mal so ganz nebenbei Respekt einflößen wollen und damit bei einem Hund, der noch fremd und ohne Bezugsperson ist, eine heftige und unnötige Reaktion auslösen. Warum das Ganze? Es sagt im Endeffekt nichts über den Hund aus, aber eine Menge über den Trainer mit Profilneurose.

Jeder Hund kann in alle Richtungen
bewegt werden. Es ist immer eine Frage,
ob man mit dem, was man dann
ausgelöst hat, auch umgehen kann.

Loch im Oberarm, weil großkotzig ohne Maulkorb agiert. Was lernt der Hund? Ich kann Menschen in die Flucht schlagen, super Erfahrungswert. Denn, sind wir mal ehrlich, wer bleibt fluffig stehen, wenn 45 Kilo mal die eigene Jacke vom Arm pellen? Ein schlechtes Signal für die Hunde. Die eigene Sicherheit muss immer vorgehen. Opfergaben gehören auf den Altar, nicht ins Hundeleben. Bei einer soliden Einschätzung werden diverse Reize angeboten, zum Beispiel werden der hektische Jogger oder das kreischende Kind simuliert, es geht um Alltagssituationen, die uns klar verdeutlichen, auf was der Hund womöglich reagiert. Nicht mehr und nicht weniger.

Hier noch eine kleine Anmerkung: Wenn Hunde, die nach Aussagen der betreffenden Tierschutzorganisationen nie etwas kennengelernt und vielleicht auch im Keller an der Kette gelebt haben, in die Mühle der Vermittlung gelangen, dann finden wir es schon verwunderlich, wenn man liest:»Ist lieb zu Kindern!« Wer um alles in der Welt schubst seine Sprösslinge und Hoffnungsträger in die erste Reihe, wenn es heißt:»Da schauen wir doch mal, ob der zerschundene Kellerhund mit der Lisa-Marie und dem Heiner-Sören Ballspielen kann!«

Rettung bedeutet erst einmal, die Situation für den Hund zu verbessern und nicht, ihn umgehend passend für ALLES zu machen. Schön, wenn es mit dem unerfahrenen Hund und dem Vierjährigen klappt. Aber was, wenn man nur Glück hatte, es situativ auf der Pflegestelle gut ging, jedoch im neuen Heim dann schiefgeht? Wer möchte hier die Verantwortung tragen? Ein Hund, der beispielsweise aus einem Leben, in dem er misshandelt wurde, gerettet wird, hat bestimmt andere Sorgen, als sich jetzt noch kinderlieb und katzenfreundlich zu präsentieren. Müssen wir Menschen denn immer alles wollen?»Darf's ein bisschen mehr sein?«, würde der Metzger fragen. »Gerne, doch. Ich nehme das fliegende Bällchen und noch die Jacke von der Lisa-Marie!«, könnte die Antwort des Hundes sein. Mit solchen Aussagen sollte man sehr vorsichtig sein. Hunde müssen doch auch nicht alles bedienen können. Kinderlieb und katzenverträglich ist Bonusmaterial. Schön, wenn er es auf der DVD hat, erwarten darf man es aber nicht.

Und wie stellt man sich so etwas real im Test vor? »Torben, wedel mal mit dem Leberwurstbrot vor dem Titus hin und her. Und Du Dawina, sing mal beim Rennen ein Lied!« Man sollte ja wirklich konkret hinterfragen, auf welchen Beobachtungen eine Aussage »ist kinderlieb« basiert. Man übt nicht an Kindern, und auch Katzen haben ein Anrecht auf tierschutzkonformes Leben: »Katzenverträglichkeit können wir zurzeit nicht testen, die letzte Siamkatze hat den Absprung leider nicht geschafft. Aber jetzt wissen wir wenigstens, dass der Rambo besser mit Goldfischen kann!«

Gregor meets Paradise

Um der ganzen Vermittlungsthematik ein wenig Leben einzuhauchen, werfen wir mal eine stellvertretende Anekdote in die Runde. Das lockert das Ganze wieder etwas auf, waren die letzten Worte doch durchaus schwere Kost.

Wir sind so frei und bedienen uns der Familie Lappen-Duddel, sie bringt uns auf den richtigen Weg, ganz bestimmt.

Die Familie hat sich für einen Hund entschieden. Glückwunsch! Sie wollen »adoptieren«, etwas Gutes tun, sehr löblich. Kinder haben sie auch, selbst gemacht, nicht adoptiert, also freuen sich nun die Zöglinge im Alter zwischen vier und zwölf Jahren auf ihren ersten Hund! Herr Lappen-Duddel möchte ja unbedingt etwas Stattliches in XXL, einen feschen Rüden, der auch mal klare Kante zeigt. Das kann er selbst nämlich eher schlecht, da er schmächtig und unscheinbar daherkommt, dafür wiederum extrem scharfsinnig ist. Seine Gemahlin freut sich über jeden Hund, nur tun darf er nix.

Würde er nur einmal laut »Buuh« zu den Kindern sagen, wäre es um ihre zart beseitete Seele geschehen. Die Kinder nehmen alles, was da kommt, denn sie sind neu in der »Kind und Natur«-Szene und wissen nicht wirklich, ob sie Tiere mögen. Der Gruselfaktor steht noch ungeklärt im Raum. Aber da wachsen sie schon rein! »Da müssen sie durch«, sagt Papi. Er zwar auch, aber das kommt noch.

Man hat eine tolle Organisation gefunden, die nach unzähligen Vorgesprächen mittlerweile die Schuhgröße der engsten Verwandten der Lappen-Duddels in den Akten hat. Also seriös und gründlich sind sie ohne Frage, denn nicht jeder bekommt hier einen Hund. Die Familie fühlt sich hier wertig und verstanden. Daher sind sie etwas erstaunt, als sie zur Abholung des bestellten Hundes zum Treffpunkt fahren und sich inmitten weiterer zwanzig Familien wiederfinden. Man ist wohl doch nicht so wertig, wie geglaubt, aber gut, egal. Familie Lappen-Duddel will einen Hund, da atmet man »das« eben weg. Dass die Hunde noch unfrisiert sind und der Transporter aus Rumänien leicht überladen scheint, ist im ersten Moment schon irritierend, aber wie gesagt, man will einen Hund. Alles hat doch irgendwie seine Ordnung, es gibt Impfpässe, die Chips werden kontrolliert, ein Tierarzt ist auch anwesend, falls etwas nicht stimmt. Also kann man das doch ganz entspannt betrachten. Und dann kommt endlich der Gregor aus dem Laster. Ein ganz ein lieber, verspielter und unbefangener Kerl. Okay, er wirkt eher teilnahmslos und dröge, aber die Fahrt war lang, daran wird es liegen. Frau Lappen-Duddel fingert in der Handtasche flugs nach einem Fläschchen 4711, denn mit dem Geruch, den Gregor da so mit sich bringt, hatte sie nicht gerechnet. Er sei etwas zerzaust, sagt die nette Dame von der Orga, aber das wäre halt so. Gregor, der Riese im derzeit noch gelbbraunen Rastalook, ist ein Hütehund. Das wurde versichert. Und die mögen alle Kinder und jagen nicht. Weiß wird Gregor dann unter der Dusche, und dann wird auch seine ganze Pracht zum Vorschein

143

kommen. Herr Lappen-Duddel und die Dame von der Orga bugsieren den Hund in den flotten Kombi der Familie, der bis zu diesem Datum das Wort Schmutz nicht kannte. Die Kinder haben sich in der Zwischenzeit in einen anderen Hund verliebt, einen, der kniehoch und ohne Zotteln ist. »Der ist viel süßer!« Mutter Lappen-Duddel hat den Brechreiz unter Kontrolle gebracht und die Faxen dicke. »Der Gregor ist extra wegen Euch so weit angereist, den behalten wir jetzt!« Man rollt vom Hof und Gregor gibt zu erkennen, dass er vor der Fahrt gerne nochmal gegen einen Baum gepinkelt hätte. Gut, der Radkasten vom BMW im Innenraum tut's auch. Läuft!

Was hier recht flapsig in die Tasten getippt wird, ist sicher keine Ausnahme. In vielen Fällen finden sich Mensch und Hund flott zusammen, aber es ist auch keine Seltenheit, dass der Mensch erkennt, dass er dem Hund doch nicht gewachsen ist. Viele Dinge lassen sich nicht vorhersehen und das Verhalten des Neuhundebesitzers ist für jeden, der Hunde gewissenhaft vermittelt, ebenfalls nicht absehbar. Das muss ganz klar gesagt werden. Wer einen Hund, ohne jeglichen Bezug zur neuen Umgebung, nach zwei Stunden im neuen Heim draußen einfach von der Leine lässt und dann jammert, »der wurde aber ohne Weglaufmechanismus vermittelt«, der ist einfach doch recht passiv intelligent. Da braucht man nicht höflich zu sein, so etwas spricht nicht für die Anwesenheit von Verstand.

Wir Menschen haben oftmals eine gesunde Portion Selbstüberschätzung am Start, wenn es um Hunde geht. Wir hatten es ja bereits erwähnt, die Sache mit den ganzen Fachleuten, mit oder ohne Hund, die einfach alles wissen. Fantastisch! Die Vorstellung, dass ein »Beiß rein« wirklich reinbeißt, für viele Menschen nicht greifbar. Man kann es sich nicht vorstellen, warum sollte denn dieser hübsche Hund so etwas tun? Er kann immerhin »Sitz« und »Platz«, warum dann Aggressionsverhalten an den Tag legen? Puh, da muss man schon sehr oft nach Luft schnappen, um noch eine geistreiche Erklärung hervorzubringen. Viele von Euch kennen das, oder? Gerne würden wir doch sagen: »Nee, reingelegt! Der Goofy ist im Tierheim, weil er zu witzig war und die Halter den Muskelkater vom vielen Lachen nicht mehr aushalten konnten.« Wenn wir immer so könnten wie wir wollten, schön wär's!

Gehen wir noch einmal zurück zu unserem Gregor. Der Hütehund ist nach dem Waschen, Föhnen, Legen nun deutlich erkennbar ein imposanter Herdenschutzhund. Toll, Rassehund zum Schnäppchenpreis. Tierschutz mit unerwartetem Bonus, auch eine Variante.

Nachdem Frau Lappen-Duddel das Auto wieder in den Normalzustand zurückversetzt hat, geht es los – das Leben mit Hund! Endlich und lange ersehnt. Also kauert man in der Sitzgruppe und beobachtet ihn – den NEUEN! Es gibt ein Sektchen für die Eltern und eine Cola für die Kinder, denn heute ist ein besonderer Tag. Das neue Familienmitglied ist endlich da!

Jede Bewegung des Neuankömmlings wird akribisch beobachtet und kommentiert. »Also Angst hat er nicht, schau mal, er geht schon alleine in die Küche. Ein ganz ein Mutiger ist das!« An dieser Stelle seht es uns bitte nach, wenn wir uns etwas im Szenario von Familie Lappen-Duddel verlieren, sie sind so putzig und man muss sie einfach mögen. Der Hund, der die letzten zwei Tage im Transporter in der Box durch Osteuropa gekarrt wurde, ist nun der Mittelpunkt in einer Welt, die er nicht kennt. Man reicht ihm Essen, zeigt ihm das Haus, gewährt ihm uneingeschränkten Zugriff auf Ressourcen – King meets paradise!

Die Tage ziehen ins Land und Gregor hat sich gut eingelebt. Wen wundert's, Schlaraffenland pur! Er ignoriert süffisant die Kinder, was auf Gegenseitigkeit beruht, denn so richtig hundeaffin sind die Sprösslinge immer noch nicht. Man beäugt sich, aber mehr auch nicht. Dem Rüden wird das mittige Rumliegen zwischen den Kindern und das Beobachten als kinderlieb angerechnet. Frau Lappen-Duddel ist da ganz entspannt. Gregor liegt am liebsten im Flur. »Da ist es schön kühl«, erklärt sie sich und verbringt den größten Teil des Tages damit, über ihn hinwegzusteigen. Er ist so ein gemütlicher Hund, er bleibt einfach liegen und stört sich an nichts. Ein Traum für jeden, der einen Hund will, der nichts tut. Keine Hektik, kein Rumgehopse im Haus – er liegt! Am Wochenende ist dann Herr Lappen-Duddel ganz in seinem Element und übernimmt die Erziehung. Das kann er, denn die Kinder hat er ja auch im Griff. Seine Frau ist da eher zu geduldig, findet er und so sind die Aufgaben klar verteilt. Es ist also die klassische Situation, jeder macht irgendwas irgendwann mit dem Hund. Herr Lappen-Duddel ist beruflich sehr eingespannt, wegen der Karriere und der gepflegten Selbstdarstellung im digitalen Raum und möchte am Wochenende einfach nur den Kopf frei bekommen. Dafür sollte der Hund ja dienlich sein – Papi auslasten. Er könnte auch einfach eine Runde puzzlen, zwecks Findung der inneren Balance, aber gut – man geht mit dem Hund spazieren. Herr Lappen-Duddel blüht förmlich auf neben seinem Gregor, endlich nimmt man ihn zur Kenntnis. Na ja, er wurde einmal zur Kenntnis genommen, als er mit seinen schlanken Fesseln in Gregors Schleppleine hängen blieb, während dieser noch in einer Nachbesprechung zum Thema »Hundebegegnung« verstrickt war. Es hat zwar höllisch gebrannt, aber natürlich war die Situation schnell wieder unter Kontrolle, behauptet er. Lag ja an dem anderen Hund, der anfing, komisch zu schauen und so etwas lässt sich der stolze Gregor nicht bieten. Herr Lappen-Duddel wackelt also samstags und sonntags fahrig hinter seinem Hund durch die Landschaft, man hat denselben Weg, jedoch ein unterschiedliches Ziel. Nach etlichen öden Spaziergängen, bei denen Gregor seinen Halter hat auslasten müssen, wird es Zeit für neue Spielregeln. Gregor hat schnell deutlich gemacht, dass diese luschigen Auslastungsspaziergänge zukünftig von der »Frau des Hauses« übernommen werden. Immerhin sind Herrn Lappen-

Duddel die Qualitäten seiner Frau hinreichend bekannt, er hatte sie ja schließlich aus diesen Gründen geheiratet. Die Gattin ist zwar in ihrer eigenen Welt stark eingebunden, aber zumindest kann Gregor noch eine Art von Puls bei ihr feststellen. Somit ist Herr Lappen-Duddel raus. Seine Frau dagegen ist nett, spricht mit Gregor, wenn er etwas FEINI macht, und tätschelt ihm den Kopf fürs »nur Gucken, nicht anfassen« in der Hundebegegnung. Das mag der Gregor, Lob fürs Abchecken der Kontrahenten – läuft! Mit Herrn Lappen-Duddel verbleibt Gregor so, dass er sich zukünftig bei ihm meldet, wenn er etwas von ihm benötigt. Don't call us, we call you!

Gregor ist ein guter souveräner Chef, war er in Rumänien auch schon. Da hat keiner gemuckt, wenn er sich mal stramm gemacht hat. Ein großrahmiges Rumstehen, so, dass alle anderen Straßenhunde ihn gut sehen konnten – das war sein Markenzeichen. In Insiderkreisen nannte man ihn auch den strammen Gregor. Er wird noch immer sehr vermisst! Denn kaum, dass Gregor gerettet wurde, rückte ein weniger adretter Chef nach. Also optisch, da sind sich zumindest die Hundedamen einig, da war der stramme Gregor schon eine Augenweide. Nun regiert der schmale Urs den Bezirk, die Damen nehmen es gelassen.

Durch stramme Körperhaltung mehr Raum für sich zu gewinnen, das scheint auch in Deutschland recht gut zu funktionieren. Komischerweise merkt keiner, was Gregor da so tut. Selbst er ist verwundert, dass man jedem Besucher freudig erklärt, dass der Gregor so vorbildlich, still und unauffällig sei. Gut, alle sind hoch erfreut und Gregor wird in Ruhe gelassen, auch von Herrn Lappen-Duddel. Dieser trauert der gemeinsamen Langeweile mit Hund etwas nach, schließlich war er es doch, der den Hund unbedingt haben wollte. Aber nachdem er sich im letzten Wettkampf um »wer führt wen an der Leine« nicht durchsetzen konnte, hat er beschlossen, sich wieder alleine zu langweilen und den Gregor sein Ding machen zu lassen.

Bevor der Gregor ihm noch einmal mit Geräusch ins Gesicht atmet, nimmt er das lieber so hin. Dass der Gregor aber auch so groß wirkt, wenn er einem die Vorderpfoten auf die Schultern legt, das hatte den fahlen Herrn Lappen-Duddel schon sehr verunsichert.

Nun ziehen die Wochen ins Land und Gregor beschließt, weitere Schritte in Richtung Eigenheim einzuleiten. »Wie jetzt, die Lappen-Duddels haben doch ein schönes Haus im Grünen?«, fragt Ihr Euch bestimmt. Das ist korrekt, doch der Gregor teilt Wohnraum nur ungern und somit braucht er etwas Eigenes. Besser gesagt, die Lappen-Duddels brauchen was Neues. Gregor meint das auch gar nicht böse, er möchte lediglich sein Leben so leben, wie er es sich früher in Rumänien im bunten Westprospekt ausgesucht hat – daran ist nichts Verwerfliches. Er ist halt einfach ein Typ, der seine Ziele konsequent verfolgt und wenn die Lappen-Duddels nur ein wenig von seiner Konsequenz hätten, wer weiß, man hätte sich langfristig sicher einigen können. Aber diese träumen ihr Leben und Gregor lebt seinen Traum. So sind Menschen und Hunde halt verschieden.

»Kann so nicht bleiben, führungslos und jeder macht, was er will. Wie erziehen die nur ihre Kinder?«, fragt sich Gregor. Nach seinem Dafürhalten ist Familie Lappen-Duddel nun lange genug grenzenlos in seinem Haus herumgestolpert und er stellt neue Regeln auf – macht ja sonst keiner, also muss er sich kümmern. Kann er, tut er. Frühstück ab 5:00 Uhr und dann ist die Küche für alle tabu. Hausflur grenzt an die Küche, ist quasi Küche, somit ebenfalls tabu. Der Flur führt zum Wohnzimmer, ist somit erweiterter Küchenbereich, auch tabu. Das Obergeschoss muss der Familie künftig ausreichen. Gregor hat klare Vorstellungen von seinem Leben und kann seine Ziele ohne Mühe durchsetzen. Wie gesagt, einmal stramm Präsenz gezeigt, Flur leer. Nun ist den Lappen-Duddels klar, dass ein Leben im Obergeschoss ohne Küche nicht ihrem Lebensmodell entspricht und somit muss Gregor ausziehen. So einen Hund hätte man ja nicht gewollt und mit den Kindern wolle man auch kein Risiko eingehen. So endet Gregors Hausbesetzung mit dem Einzug ins Tierheim. Gerettet, um ins Heim zu kommen, da muss er in der Tierschutzbroschüre etwas falsch gelesen haben. Nun ist es egal und Gregor bekommt eine neue Chance.

Ein Hund aus dem Tierheim

Natürlich sind nicht alle Hunde, die ins Tierheim kommen, Auslandshunde, die man falsch deklariert oder einfach nicht richtig erzogen hat. Viele Schicksale kreuzen den Weg der Tierheimmitarbeiter.

Besitzer, die versterben und ihren geliebten Hund zurücklassen, Scheidungshunde, Abgaben aus finanzieller Not, alles ist dabei. Ein gewisser Argwohn gegenüber Tierheimhunden schwingt bei vielen Menschen unterschwellig mit. Daher ist es uns wichtig, ganz deutlich auszusprechen, dass es auch die ganz »normalen« Hunde trifft. Wenn das Schicksal zuschlägt, dann fragt es nicht lange nach. Die Vorurteile bleiben und auch hier ist es wie mit den Unkenrufen in Richtung Züchter: Nicht jeder Tierschutzhund ist kaputt im Kopf und nicht jeder Züchter stopft sich die Millionen steuerfrei in die Tasche. Wir müssen aufhören, uns gegenseitig an den Pranger zu stellen, in diesem Fall den Hunden und Menschen etwas anzudichten, von dem wir gar nicht pauschal sagen können, dass es so ist.

Dass viele Menschen glauben, ins Tierheim kämen nur die Schwerverbrecher, resultiert sicher auch aus unserem Verlangen, für alles einen Grund zu finden. Einen »normalen« Hund gibt doch keiner ab! Leider schließt sich nicht selten der Kreis zum Auslandstierschutz im deutschen Tierheim. Denn entpuppt sich der nette Zottel mit der schlechten Kindheit als waghalsiger Selbst- bzw. Oberbestimmer, der ein Zusammenleben mit unerfahrenen Hundehaltern kategorisch ablehnt, na dann ist aber Alarm in der heilen Welt. Ja, das soll schon vorgekommen sein, dass Hunde einfach nicht in den gewünschten Rahmen passen wollen. Wie können sie nur so bockig sein? Sie wurden gerettet und nun erwarten wir Dankbarkeit, denn schließlich bieten wir doch jede Menge Zuneigung und Liebe. Es muss also am Hund liegen, dass es so kompliziert geworden ist. Und wer nicht mitspielt, der hat halt die Acht gezogen und muss im Mau Mau des Irrsinns aussetzen.

Was oftmals zu Erstaunen führt ist der Fakt, dass es viele Rassehunde hinter Gitter schaffen, da auch Züchter nicht immer einwandfreie »Ware« liefern. Da hat die Ahnentafel wenig Einfluss. Gekauft, unbequem geworden, zu wenig von dem drin, was im Rasseprofil garantiert wurde oder auf den Punkt geliefert, aber vorher den Beipackzettel mit den Nebenwirkungen nicht gelesen. Gekauft, wie gesehen, aber, dass ein Weimaraner auch jagt, damit hat echt niemand gerechnet und das Bezahlen von Nachbars Hühnern wird auf Dauer zu teuer. Ja, so kann es kommen. Traurig, aber nicht selten. Auch Besitzer von Rassehunden sterben, verarmen oder wollen einfach nicht mehr mit diesem einen Hund ihr Leben teilen. Gründe gibt es wie Sand am Meer – im Tierheim sind sie alle gleich.

Keiner plant das Versagen am Hund ein, wir alle glauben, dass wir es schaffen. Vieles geschieht aus Unwissenheit und häufig auch aus falscher Tierliebe und niemals würden wir Menschen unterstellen, dass sie extra eine solch ungünstige Situation für ihren Hund herbeiführen. Die Abgabe als letzte Möglichkeit, traurig aber leider real.

Sind wir Menschen wirklich so schlecht in der Selbsteinschätzung? Wir hören selten auf unser Bauchgefühl, doch sobald wir einen Hund sehen, dem es wer weiß wie schlecht geht, dann sind wir im Gefühlswahn und der Verstand beginnt zu humpeln. Sind wir wirklich nicht in der Lage, die Emotionen einmal wegzulassen und ganz nüchtern abzuwägen, ob wir einer Sache gewachsen sind? Man möchte meinen, dass wir analytischer vorgehen könnten.

»Hey, ich habe eine Fünf in Mathe und kann nicht lange stillsitzen, ich glaube, ich werde Pilot.« Sind wir Menschen wirklich so? Was würden wir denn jemandem sagen, der so seine berufliche Laufbahn anpeilt? Bestimmt nicht: »Ja tolle Idee, ich bin auch Bademeister und kann nicht schwimmen. Ich mache den Job nur, weil ich hier kostenlos duschen kann!« Sind wir alle etwas weltfremd, wenn es um Hunde geht? Wir persönlich glauben immer an die Notbremse, die unser Verstand uns ab und zu mal in die Hacken haut. Ein Bremsklotz, der uns vor total irrwitzigen Eskapaden schont. Aber geht man in die Welt der Hunde, da nimmt Pseudowissen schnell Fahrt auf und die Bremsklötze laufen heiß.

Der Bruno, der ist so allein!

Nun müssen wir aber zu den Tierheimhunden und dem Tierschutz im eigenen Land kommen. Wo beginnt bei uns die Rettung von Hunden? Wir sind hoch sensibel, wenn es um »Rettung« geht.

Besuchen wir zum Einstieg Frau Mone. Bis vor kurzem war sie noch glücklich verheiratet und da die Kinder kaum noch Zeit hatten, gab es erst einmal einen netten Hund. Passt zur Reihenhaussiedlung und warum auch nicht. Nun können sich die eigenen Lebensumstände verändern. Früher war immer jemand zu Hause, Herr Mone hatte den Luxus, vieles im Homeoffice zu erledigen und wenn er doch einmal aushäusig gebraucht wurde, dann war der Hund mal einige Stunden allein. Das hatte er von Beginn an gelernt und somit war es kein größeres Problem. Ein Problem kam erst auf, als Herr Mone zum Fünfzigsten keinen Porsche, sondern einen Gutschein fürs Kiesertraining von seiner Frau geschenkt bekam. Gut, über den Gutschein für die Rückenschule ist Herr Mone dann zum Yoga gekommen, aber er hätte den Porsche dennoch gerne gehabt. Nun hat ihm das Yoga seine neue Mitte gezeigt und von da an trug er nonstop Jogginghose.

Statt Homeoffice mit Entgelt am Monatsende, entschied er sich für etwas Neues. Erst für die Yogalehrerin und dann für ein Leben auf den Balearen. Er war der Meinung, dass es noch etwas anderes geben muss, eben mehr als Reihenhaus und ein solides Einkommen. Gut, er ist ab durch die Mitte und gibt jetzt Kurse für intelligentes Surfen auf Fuerteventura. Weils knapp ist, bastelt er ab und zu noch Freundschaftsbändchen für die Touristen, aber frei ist er, total frei.

Anne Mone kommt gut alleine zurecht, fährt jetzt Porsche und ihr Mann kann von ihr aus surfen, bis der Arzt kommt. Dieses esoterische Getue war ihr einfach zu viel, jetzt ist jeder glücklich. Den netten Hund, den durfte er allerdings nicht mitnehmen. Den liebt Frau Mone nämlich wirklich von ganzem Herzen.

Bruno ist ein drolliger Typ und auch etwas bodenständiger als ihr Ex. Bruno lebt glücklich bei seinem Frauchen und im Grunde ist alles gut. Frau Mone muss täglich ins Büro, Homeoffice ist leider schwierig und nach der Story mit ihrem Mann ist ihr Arbeitgeber da auch eher vorsichtig. Nicht, dass noch jemand abdriftet. Also ab 9:00 Uhr bitte die Stechuhr auslösen. Danke! Ja, so ändert sich das Lebensmodell. Bruno coucht nun täglich sechs Stunden und wartet aufs Frauchen. Sie geht mit ihm von 7:00 bis 8:00 Uhr spazieren und dann frühstücken beide noch gemeinsam. Man möchte meinen, alles ist gut.

Nichts ist gut, denn einen Hund sechs Stunden im gepflegten Haus sich selbst zu überlassen, um dann im Anschluss erneut mit ihm zwei Stunden durch den Wald zu joggen, das darf ja wohl nicht wahr sein! Ja, ja, man muss Fehler auch suchen wollen, nicht lange warten, bis was passiert. Bruno mutiert schleichend zum sozialen Projekt der besorgten Nachbarin. Diese hat Zeit, zwar keine Ahnung von Hunden, aber einen ausgeprägten Hang zum Sittenwächter. Sie würde ja was Soziales machen, aber dazu müsste sie dann ins Gemeindehaus zu festen Zeiten, das ist ihr zu stressig. Außerdem ist sie dafür überqualifiziert, sie war schließlich mal Weinkönigin vor 35 Jahren. Also konzentriert sie sich auf Bruno. Dazu muss sie nur am Küchenfenster lehnen und sich Gedanken machen. Das ist kommod, überschaubar und geht auch mit Lockenwicklern in der Friese. Die nette Frau Schubert fragt nun immer ganz besorgt die anderen Nachbarn, ob es ihnen denn auch so leidtun würde um den Hund. Allein sei er jetzt, wo der Mann weg ist. Schlimm alles, ganz schlimm. Auch der Postbote wird interviewt: »Gell, der bellt immer? Stimmt's?« Man muss Fragen einfach mal stellen, denkt sich Frau Schubert. Dem Briefträger fällt auf, dass der Hund hinter der Tür mal Wuff macht, wenn er die Post einwirft. »Also können Sie das bestätigen, dass der Hund immer bellt und so?«, fragt die Weinkönigin aus Leidenschaft. Ja, kann er und somit ist der Briefträger mit der einseitigen Unterhaltung fertig.

Frau Schubert ist nun freudig bestärkt, dass dieser Hund in einer schlimmen untragbaren Situation leben muss und somit kann sie endlich den Verschwörungskreis rund um Bruno erweitern. Sie klingelt beim Amt an und berichtet hektisch, aber nicht unsachlich über ihre Nachbarin und Bruno. Das Amt will bei Frau Mone einmal vorstellig werden, schließlich gehen sie allen Meldungen gewissenhaft nach. Frau Schubert ist glücklich, denn nun bekommt sie endlich in den nächsten Tagen einmal Besuch. Also eigentlich Anne Mone, aber die wird ja nicht da sein, und somit hat die Weinkönigin einen neuen Gesprächstermin. Sie bügelt schon mal ihr Dirndl auf und backt einen Kuchen, schön wenn die Nachbarschaft so zusammenhält.

Abgabe ohne Sinn

Es ist sicher keine Seltenheit, dass Menschen aus Langeweile oder aus purer Neugier im Leben der anderen herumrüsseln – mit oder ohne Hund ein leidiges Thema. Wir finden es nur schwierig, wenn man seine Ideen nicht zu Ende denkt. Ist ein Hund nach unserem jetzigen Verständnis ernsthaft schon ein Problemfall, wenn er stundenweise allein zu Hause gelassen wird? Sind wir schon so weit, dass wir alles nörgelig auf den Prüfstand heben und Hunde retten wollen, bei denen im Grunde alles okay ist? Nun ist die liebe Frau Schubert sehr überambitioniert, aber es passiert genauso. Ein Schlauberger sucht sich Verbündete und dann bringt man hurtig den Tierschutz ins Rennen. Schon wird geklüngelt und geunkt. Auf der einen Seite sehr löblich, dass Menschen sehr aufmerksam sind, aber man darf die Relation nicht verlieren. Hunde aus einer Verwahrlosung zu befreien, bedeutet etwas anderes. Und welches Leben erwartet denn einen Hund im Tierheim? Hüpfburg, Swimmingpool, all inclusive – ja wirklich?

Eine Abgabe aus unstimmigen Verhältnissen kann für einen Hund eine große Chance auf ein neues Leben bedeuten. Das halten wir für realistisch. Nehmen wir an dieser Stelle noch einmal Bruno mit ins Bild: Die Menschen glauben, es ginge ihm schlecht. Gut, das dürfen sie glauben. Wo soll er es denn besser haben, als bei seinem Menschen, der stundenweise außer Haus ist, wenn er aber da ist, diesen einen Hund liebt, schätzt und versorgt? Wie sähe denn der Alltag im Tierheim aus? Wie viele Stunden täglich wäre ein Bruno in einem Tierheim alleine? Also wirklich alleine. Zwinger, oftmals Einzelhaltung, das volle Programm. Sich die Aufmerksamkeit der Pfleger mit 30 Mitinsassen teilen, na, ist das nun besser oder schlechter, als auf der Couch im Reihenhaus? Die Antwort brauchen wir an dieser Stelle nicht … rein rhetorisch gefragt.

Wir mussten schon häufiger Tiere vor der unüberlegten Rettung retten. Was ist denn da nur los bei uns?

Eine Abgabe muss doch Sinn ergeben, oder?
Nur, weil der eine seinen hoch angesetzten
Maßstab zum Thema »Hundehaltung« nicht
erfüllt sieht, bedeutet es noch lange nicht,
dass ein Hund in »schlimmen Verhältnissen«
lebt. Etwas mehr Weitblick oder eventuell
einfach mal ein Besuch im Tierheim – es
würde sehr vieles relativieren. Dem Hund
ist es egal, ob die Tapete in der Wohnung
Flecken hat, er braucht Menschen, die ihn
schätzen und ihn gut versorgen.

Weg von »Schöner Wohnen« und hin zu: Was braucht der Hund?

Eine gute Überleitung zu den Hunden, die wirklich aus schlechten Verhältnissen kommen und aufgrund von falschen Entscheidungen ihrer Erziehungsberechtigten hinter Gittern landen. Es ist nicht schön für einen Hund, wenn man ihm den Teppich unter den Pfoten wegzerrt, nur weil man sich, warum auch immer, gegen ihn entscheiden musste. Egal wie schwierig die jeweilige Lebenssituation des Mensch-Hund-Gespanns ist, der jeweilige Mensch ist die Bezugsperson für den Hund. Ob man es hören mag oder nicht. Auch für Hunde aus schlechter Haltung gilt zuerst einmal, dass sie nur diese Person und diese Lebensumstände kannten. Befreit man sie aus dieser fürchterlichen Situation, dann bricht auch für solche Hunde manchmal der Himmel zusammen – auch, wenn man das kaum glauben mag. Denn sie haben keinen Vergleich, wie es denn hätte anders sein sollen. Sie erkennen nur, dass sich Dinge ändern, ob es besser oder schlimmer wird, ist ihnen erst einmal noch unklar.

Doch bleiben wir bei den weniger drastischen Fällen. Nicht immer muss es um Grausamkeiten gehen. Eine Vernachlässigung des Hundes ohne Gewaltanwendung, ein Mensch, der vielleicht selbst den Halt im Leben verloren hat, diese Geschichten schreibt das Leben zu Hauf. Dieser Mensch bleibt immer noch der Mensch an der Seite dieses Hundes, auch wenn wir das Bild nicht gut ertragen können.

Da geht schon die erste Fuhre der Romantik dahin. Auch wenn das Umfeld für den Hund aus unserer Sicht nicht gut war, der Hund kannte bis dato nur dieses Leben und wird von jetzt auf gleich entwurzelt. Kein gutes Gefühl, oder? Und daher würden wir hier gerne einmal daran appellieren, mit dem Spruch »Gib den doch ins Heim« etwas sparsamer umzugehen. Das Leben im Tierheim beinhaltet selten gebrannte Mandeln und Büchsenwerfen. Es ist nicht so, dass die Tierheime vor Langeweile umkommen oder im Geld schwimmen. Ganz im Gegenteil. Es gibt Tierheime, die wachsen über sich hinaus, vermeiden Einzelhaltung, bilden sich und ihre Mitarbeiter konstant weiter und ermöglichen so, dass es für ihre Schützlinge weitergeht. An dieser Stelle ein ganz besonderer Gruß an unser Vorbild-Tierheim Viernheim! Aber es sind noch lange nicht alle Tierheime auf diesem Niveau.

Andererseits ist es unsinnig, den Menschen, die ihren Hund unter Tränen abgeben, die Cholera an den Hals zu wünschen. Sie haben ihre Gründe und wir müssen diese nicht verstehen. Mit oder ohne Standpauke, der Hund wird nicht bleiben dürfen. Dann macht man eben seinen Job und entlässt sie aus ihrer Pflicht – die Tierheimmitarbeiter kennen es. Nicht abzustumpfen bei all den Geschichten, den Ausreden und den Hunden, die nun als schwer vermittelbar gelten, eine Kunst für sich. Respekt und ein Dankeschön an Euch da draußen, die Ihr durchhaltet im täglichen Wahn.

Schwer zu vermitteln

Ein Hund, der ins Tierheim kommt, ist oftmals fast vergleichbar mit einem Unfallwagen. Er kann noch so okay sein, die Delle in der Historie bleibt. Auch, wenn Hunde keine größeren Probleme an den Tag legen und eigentlich gut zu vermitteln wären, das Tierheim kann eben auch eine Bremse sein. Wer gibt schon einen netten Hund ab, da stimmt doch etwas nicht. Wir hatten es schon angesprochen, wir Menschen brauchen immer eine Begründung. Und wenn alles okay ist mit dem Hund und das Tierheim versichert, dass er sehr offen und unbefangen durch die Welt wedelt, es bleibt der kleine Zweifel. Spätestens wenn der neue Hund im neuen Heim vor dem Besen in der Garage mal zuckt, dann ist es klar, der wurde misshandelt. Kennt Ihr das?

Wenn es jedoch hilft, ihn noch mehr zu mögen, die Verschwörungstheorie das Liebhaben noch einmal steigert, dann ist es wohl nicht schlimm. Lächeln wir es weg und sind glücklich, dass es dabei bleibt. Dass sich ein Hund auch mal erschreckt, weil er Sinnesorgane hat, die manchmal etwas überrascht werden können, nicht wichtig. Mensch glücklich, Hund glücklich, alles gut. Egal, wie wir uns drehen und wenden, wir Menschen könnten vieles in Bezug auf die Abgabe von Hunden vermeiden, würden wir mit mehr Weitblick an die Erziehung des Hundes gehen. Denn es ist traurig, wenn man einen Hund zum Problemhund werden lässt, ihn dann abgeben muss, weil er nicht mehr tragbar ist oder schlichtweg gefährlich für die Umwelt. Der Mensch hätte durch richtiges Handeln dem Hund eine solide Basis mitgeben können. Stattdessen wird der Hund so lange benutzt, bis er aus dem Rahmen fällt. Dann sind wir wieder erstaunt und keiner hat es kommen sehen. Unter »Benutzen eines Hundes« verstehen wir, dass man sich einen Hund zulegt und dann blind seine eigenen Interessen abspult.

Manny und Rocky – zwei starke Typen

Gehen wir einmal in die pauschale Ecke. Da ist zum Beispiel Manny Schlauchschneider, seines Zeichens Installateur, der immer schon gerne Kraftsport macht. Der Manny möchte einen Hund. Keinen Fiffi, nein, einen richtigen Hund. Was Griffiges, was Männliches. Manny ist zwar 1,30 Meter breit, aber leider auch nur 1,61 Meter hoch. Der Hund muss also schon was hermachen. Gerne was in Schwarz, das glänzt so schön in der Sonne. Wenn er dann mit seinem Hund durchs Viertel marschiert, ja, dann schauen sicher alle auf ihn, so stellt er sich das vor. Manny hat sich also für einen, zu seinen Vorstellungen passenden Hund entschieden. Er kann ihn zwar kaum halten, den Rocky, aber dann geht der Manny halt zwei Stunden mehr die Woche pumpen, wird schon klappen. Seine Kumpels finden den Rocky auch alle super. Wenn man abends beim Grillen zusammen hockt, dann zeigt der Manny gerne mal, wie stark der Hund ist: »Wenn der was packt, dann lässt der das nicht mehr los!« Stolz wirbelt er einen Stock durch die Gegend und der Rocky verbeißt sich voller Freude darin. Alle johlen und lachen, jeder will mal den Rocky am Stock hochheben. Das witzige Treiben und die Freude darüber, dass der Rocky Kraft, Ausdauer und Härte zeigt, bleibt leider nicht ohne Konsequenzen. Nach drei Wochen »fang das Stöckchen« ist der Rocky soweit, dass er mehr braucht. Flott haben die innovativen Kumpels einen Autoreifen an einen Ast geklöppelt und dieser schwingt jetzt hin und her, zusammen mit dem Rocky, denn der hängt mit am Reifen. Festhalten, das kann er! Die Jungs sind fasziniert von der Kraft, genauso hat sich das der Manny vorgestellt. Ein Hund nach seinem Geschmack – mit Muckis!

Gut, irgendwann wird das Ganze dann auch dem Letzten zu öde und Rocky ist out. Die Grillsaison ist rum, man hängt nicht mehr draußen ab und so läuft der Manny jetzt wieder mehr alleine mit dem Hund um die Ecken. Es wäre alles so traumhaft weitergegangen, hätte die Stadtverwaltung nicht beschlossen, einen Kinderspielplatz mit Schaukeln im Stadtpark zu errichten – in dem geht der Manny mit dem Rocky immer Gassi. Nun schwingen dort also die Schaukeln und der Rocky dreht schier am Kabel, wenn er diese sieht. Manny geht nun viermal die Woche pumpen, weil er den Hund sonst gar nicht mehr gebändigt bekommt. Wenn er nur vorher gewusst hätte, dass sein Tier so kräftig wird! Enttäuschung und Entsetzen liegen hier dicht beisammen. Am Ende hat auch das nicht mehr gereicht, Rocky hat sich wild entschlossen losgerissen und sich zum Schaukeln »aufgehängt«. Loslassen – keine Option für den gemachten Siegertypen. Fürs Festhalten und Baumeln gibt's Applaus. Gut nur, dass der Manny morgens um 6:00 Uhr den Kontrollverlust hatte und somit keine Kinder die Schaukel mit Rocky teilen mussten – das wäre sehr eng geworden.

Darum geht es, wenn man Verhalten beim Hund fördert, weil es gerade mal kurzzeitig Amüsement bringt und es dann nicht mehr abzustellen ist. Anhand dieser Geschichte möchten wir noch einmal darauf hinweisen, dass der Mensch den Hund macht! Anlagen zum Irrsinn, Gene und die Umlaufbahn von Sonne und Mond, nehmt alles zur Hand, um Dinge zu erklären und zu verbessern. Aber bitte zieht als erstes Euer Zutun und Mitwirken in Betracht!

Es ist zu Beginn oftmals lustig, dass der Hund zum hundertsten Mal die Frisbee aus der Luft schnappt, es ist witzig, dass er sich vor anderen Menschen aufbaut, um den Halter zu beschützen. Es ist grandios, dass er niemanden aufs Grundstück und ins Haus lässt. Das alles kann am Ende eigennützig und stumpfsinnig werden. Denn es kommt oftmals der Punkt, an dem uns das »Es-laufen-Lassen« auf die Füße fällt. Es kommt der eine Kumpel auf einen Videoabend vorbei, der nicht klingelt, sondern einfach sorglos durch die offene Gartenpforte tippelt. Das tut er dann genau einmal und dann kommt er so schnell nicht wieder zum TV-Abend. Dann hat er nämlich ein

Krankenhauszimmer zum Fernsehschauen. Das meinen wir mit »Benutzen«. Der Halter hat eine Zeit lang Freude an einem Verhalten, das ihn eventuell bestärkt, ihn selbst aufwertet und zudem auch Spaß macht – und dann?

Wehe, wenn man ein Verhalten beim eigenen Hund nicht abstellen kann. Wehe, wenn einem die Tragweite eines Verhaltens nicht bewusst ist. Wehe, wenn die Frisbee ein flatterndes Sommerkleidchen einer Dreijährigen ist. Dann ist sie hinfällig, die Sache mit dem Hund. Er hat ab sofort ein Verhalten im Repertoire, das extrem problematisch ist, und der Kumpel drei Narben im Gesicht. Unnötig, hätte der Mensch mal mehr nachgedacht!

Rocky war im Übrigen ein reinrassiger Labrador! Unabhängig der Herkunft, beobachten wir einen Anstieg der Probleme im Zusammenleben mit unseren Hunden. Es mag an unserem Überangebot an Nettigkeiten und Entertainment liegen, dass Grenzen nur noch Floskeln sind. Wir umschiffen das Unangenehme, weil wir heute unendlich viele Alternativen zu einem konkreten »Nein, lass das oder es wird unangenehm für Dich!« haben. Statt »Nein«, klickern wir lieber ein seichtes »Vielleicht« oder pfeifen ein leises »Eventuell«. Wir sind oftmals schwammig und wenig konkret, daran darf gearbeitet werden. Natürlich gibt es auch die Hunde, die absolut unkompliziert durchs Leben schlendern, obwohl der Mensch sich zu einer hochmotivierten Ball-, Frisbee- oder Stockschleuder für seinen Hund umfunktioniert hat. Vieles steht und fällt mit der Veranlagung. Den einen macht es zum unkontrollierbaren Irren, den anderen juckt es nicht.

Was macht es mit dem Hund?

Kommen wir noch einmal zurück zum Thema, einen Hund aufzunehmen. Egal woher, der Hund ist neu und man kennt sich nicht wirklich. Wie beginnt denn so ein Zusammenleben? Unsere Tiere checken flott ab: Bist Du fair, bist Du integer, bist Du wohlwollend?

Aus unserer Sicht ist ein Sich-Zurücknehmen gegenüber dem neuen Hausgenossen keine schlechte Variante. Aber Vorsicht, sich zurücknehmen ist etwas ganz anderes, als sich komplett herauszuhalten! Hier beginnt es doch bereits mit dem »Es-laufen-Lassen«. Der neue Bewohner darf sich gerne ein Bild von seinem neuen Zuhause machen, in aller Ruhe, in seinem Tempo, aber unter Anleitung und gegebenenfalls auch mit aktiver Mithilfe des Hundehalters. Wir Menschen wollen unser Gegenüber ständig bewegen. Doch wir sollten nicht nur »machen« wollen, ein »Lassen« und Beobachten, was im anderen vorgeht, ist sehr hilfreich. Was braucht er? Versteht er mich? Kann er mir mental folgen?

Grenzenlos unterwegs

Der Hund gruselt sich vor der unbekannten Kellertreppe, da helfen wir doch gerne direkt weiter. Wir wissen, wie es geht, sind souverän, dabei total nett und obendrein sind wir für den verunsicherten Hund noch extrem hilfreich. Also, wenn das kein guter Start in die gemeinsame Zukunft ist, na was dann? Auch hier gilt: Weitblickbrille auf, den Zukunftsradar an und gleich darüber nachdenken, ob man dem Hund überhaupt den Zugang in den Keller über die Kellerwendeltreppe zugestehen möchte. »Super, die Biene kann die Treppe jetzt schon ganz alleine hoch- und runterrennen!«, »Ach, Schatz, wir brauchen neue Kartoffeln und Du neue Schlüpfer, die Biene hat im Keller gespielt!« Also, immer schön aufpassen, welche Büchse der Pandora wir aufmachen. Beobachten und dennoch aktiv den Rahmen des Zusammenlebens vorgeben, ist sicher sinnvoller, als Gast im eigenen Haus zu spielen. Wer zum Gast in der eigenen Immobilie mutiert, der zieht irgendwann auch wieder aus. Denn Gäste bleiben selten langfristig. Wir sind schließlich Macher und geben die Struktur vor!

Blind Date mit Folgen

Wir klingeln einmal ganz kurz bei Frau Kunze. Frau Kunze ist pensionierte Oberstudienrätin und wird uns an dieser Stelle ihr Leben zu Anschauungszwecken zur Verfügung stellen. Woher wir Frau Kunze kennen? Nun sagen wir es so: Es gibt jede Menge von ihrem Format da draußen an unserem Arbeitsplatz. Sie haben Stil, Bildung und auch so ihre Lücken im System. Frau Kunze ist nett, adrett, sehr gastfreundlich und hat seit kurzem ein Abo bei einer Partnerbörse. Sie ist ja im besten Alter und nur mit den Landfrauen backen, das erfüllt sie einfach nicht. Nun hatte Frau Kunze bereits ihre erste Verabredung und es scheint ganz gut zu passen. Der nette Herr Diener ist zwar optisch nicht ganz so ihr Fall, bringt aber solide finanzielle Grundlagen mit. Da hatte sie bei der Partnervermittlung auch ein Kreuzchen gemacht. Reichtum »JA«, Attraktivität »NEIN«, es gab leider kein Kästchen für »STÖRT NICHT«, sonst hätte sie das beim Punkt Aussehen gerne noch vermerkt. Man muss ja realistisch sein: lieber einen reichen Frosch als einen armen Casanova.

Nun ist für heute ein Treffen bei ihr zu Hause verabredet. Es gibt Schwarzwälder Kirsch und die Krönung im grünen Salon, also den Kaffee, keine Zepter-Übergabe. »Dingdong«, ertönt es und die Tür geht auf. Auf der Fußmatte steht ein gedrungener Typ, der einen leicht ungepflegten Eindruck erweckt. Frau Kunze erkennt ihren potenziellen Lebenspartner Bernhard. Er ist kein Mann der großen Worte und eher schmallippig. Gut, das ist eben der Haken an der Geschichte mit dem Kreuz, das man im Bestellformular nicht machen konnte. Vielleicht hätte sie doch eine andere Website für diese Partnersuche nehmen sollen. Eine, bei der es mehr Schnittmenge zwischen reich und schön gegeben hätte. Nun ist der Bernhard halt wohlhabend, mental eher Eiche rustikal und hat es nicht so mit dem Äußeren. Schwamm drüber, wenn es was Langfristiges wird, dann poliert Frau Kunze ihn schon auf. Sie hat sich zweimal erfolgreich verwitwet und keiner ihrer Ehemänner ist im Jogginganzug von ihr gegangen. Doch zurück an die Haustür zu Bernhard.

Bernhard drückt ihr plump und wenig ambitioniert einen ollen Blumenstrauß von der Tanke ins Gesicht. »Hier für Dich!«, mehr Grußformel ist nicht drin. Das nächste, was Frau Kunze von ihrem Bernhard mitbekommt, ist, dass er an ihr vorbeihuscht, sein durchgewetztes Sakko auf den Brokatsessel im Flur wirft, kurz angebunden »Badezimmer?« stammelt und auf ihr Handzeichen hin die Treppe ins erste Obergeschoss erklimmt. Sie ist leicht konsterniert, das kann aber auch mit dem miefigen Geruch der Gerbera im Strauß zusammenhängen. Sie wundert sich noch, was da passiert, da hört sie das

Wasser in die Wanne laufen. Frau Kunze ist dabei, die Situation vollends zu erfassen, da streckt Bernhard den fettigen Kopf durch den Türspalt mit den Worten: »Hast Du keinen Badeschaum da?« Frau Kunze stammelt hektisch: »Bernhard, das ist aber … ich verstehe nicht … da sind Badeperl …«. Dann wird es ihr zu viel und sie muss das Kirschwasser aus der Vitrine im Salon bemühen. Wenn er das noch einmal macht, dann wird es eine Beerdigung ohne vorherige Vermählung geben, denkt sie und schenkt sich noch einen ein!

Schräg, oder? Jetzt machen wir aus dem speckigen Bernhard mal einen neuen Hund und wundern uns mal kurz, warum wir unseren Hunden absolut schmerzfrei Zugriff auf alles gewähren, ohne sie zu kennen und bei Bernhard ein leichtes Echauffiertsein aufkommt? Wir können also nicht mit übergriffigen Bernhards, aber extrem gut mit übergriffigen Hunden. Ist das nicht faszinierend? Als wären es zwei verschiedene Dinge. Den Hund finden wir niedlich und den Bernhard irgendwie lästig. Aber sind wir uns doch einer Sache bewusst: So wie man sich kennenlernt, so sind die Karten oftmals langfristig gemischt. Ein Umstellen von eingefahrenen Mustern ist um einiges schwieriger, als von vornherein klare Regeln aufzustellen. Wer seine Grenzen in Bezug auf meins und deins klar absteckt, der muss wahrscheinlich nicht wie die Lappen-Duddels ins Dachgeschoss umziehen. Warum also nicht klar kommunizieren, wie wir es gerne hätten, ohne dabei überpenibel zu werden? Niemand möchte bei Frau Rottenmeier wohnen, aber sind die Flodders eine Alternative?

Übergriffiges Verhalten

Verweilen wir doch direkt beim Thema »übergriffiges Verhalten«. In diesem Abschnitt wollen wir darauf hinweisen, dass Hunde uns Menschen gerne für ihre Zwecke »benutzen«. Das Optimieren ihrer eigenen Lage steht dabei im Vordergrund, nicht das »Gegen-uns-

Sein«! Hunde agieren nicht gegen ihren Menschen, sondern maximal für sich, was manchmal den Anschein erwecken könnte, als sei es gegen uns gerichtet. Unterschwellig, sehr feinsinnig und schlau gehen unsere Hunde dabei oftmals vor. Meister ihres Faches, möchte man meinen. Wir sind noch in der Kennenlernphase des neuen Hundes, da hat dieser schon die Schlösser ausgewechselt.

Es ist absolut legitim und auch erforderlich, seinen eigenen Bereich zu schützen. Nur, weil wir unsere Hunde so lieben, müssen sie nicht permanent in unsere Kniekehlen atmen. Wer seinen Hund nur über ein Kommando/Signal – nennt es, wie Ihr wollt – von sich fernhalten kann, der darf hier ins Grübeln kommen.

Wer entscheidet denn, wann Zeit für Nähe und Schmusen ist? Der Hund, der Mensch, Bernhard? Wir sind der Meinung, dass es extrem wichtig ist, Hunden klarzumachen, dass sie nicht automatisch überall dabei sein müssen. Dabei ja, aber auch mal auf Distanz. In welchen Situationen ist das wichtig? Ihr möchtet Euch die Schuhe zubinden und Euer Hund rüsselt Euch total ungefragt ins Gesicht. Das ist ab und zu sehr niedlich, doch wenn der Mascara dann verschmiert ist und aus den Smokey Eyes der Pandalook wird, das ist schon nervig. Warum also nicht klarstellen, dass Leolinsky in so einer Situation Distanz hält. Sicher findet es die Mehrheit sehr witzig, wir kennen es nur zu gut, aber denkt bitte immer an das Leben außerhalb des eigenen Hauses. Der Nachbarsbub, der auf Augenhöhe des Hundes ist. Wie schnell wird aus einer Sache, die wir haben laufen lassen, ein Problemverhalten? Kinderbrille hin, Kind heult, weil der Hund völlig distanzlos das gemacht hat, was er immer tut. Rumgerüsselt. Es muss nicht sein und Hunde sollten durchaus lernen, zuzuhören oder besser gesagt hinzuhören. »Möchte mein Mensch das?« Das wäre doch das Minimum an Höflichkeit. Und so ist es mit vielen Dingen. Wir Hundehalter sind einiges gewohnt, können über verschleimte Brillen lachen. Aber was, wenn es mal den falschen Brillenrand erwischt?

Es geht, wie fast alles, auch andersherum. Wir verweilen noch etwas bei der Distanzlosigkeit. Übergriffiges Verhalten ist etwas, das wir Menschen mindestens genauso gut beherrschen wie unsere Hunde. Man sitzt im Restaurant und das Gegenüber langt mal über den Tisch und stibitzt sich eine Pommes, die man gerade bestellt hat. Das bezeichnen wir als übergriffig. Wir haben das Essen nicht angeboten, von teilen war auch nicht die Rede, warum also greift der Kollege beim Mittagstisch auf unseren Teller? Geschieht es nebenbei? Oftmals ja, wie ein Kabelbrand im Impulskontrollkästchen. Hirn überlastet, Arm nicht mehr beherrschbar – Pommes im Mund!

So ein flippiges Verhalten mag in lockerer Runde unter Kumpels für einen Lacher und zu einer freundschaftlichen Kabbelei führen. Aber dem CEO der Findmichgut AG beim Galadinner der Schönen und Erfolgreichen die Shrimps aus dem Salat picken – peinlich, deplatziert und lachen würde wohl kaum einer. Man sollte sein Verhalten der Situation, in der man sich befindet, anpassen können, oder?

Distanzlosigkeit auf Hundewiesen

Und schon finden wir einen eleganten Übergang vom Festbuffet zur Hundewiese. Es ist unter Hunden in heiterer Spielrunde häufig gar nicht so viel anders als am Buffet, an dem Karrieren geschmiedet oder auch beendet werden. Da gibt es oftmals den einen Hund, der sich begeistert in der Selbstdarstellung übt, supertolle Ideen hat (in seiner Welt), andere Hunde belagert, permanent an ihnen herumschnüffelt, sich ungefragt einbringt und sich schlichtweg wie ein überambitionierter Hackklotz benimmt. Die Halter finden es toll, dass alle so viel

Freude in der Hundegruppe haben. Und wenn der Hackklotz dann noch entscheidet, dass er sich unter den Augen der Besitzer nonstop an einer Hündin zu schaffen macht, dann sprechen die Menschen von Liebe. »Die haben sich verliebt«, wer kennt diesen Dauerbrenner nicht? Ja, so funktioniert das mit der Liebe. Man muss nur ein NEIN konsequent ignorieren und schon ist es okay. Glauben Hundehalter so etwas wirklich, weil es eben Hunde sind? Und wer möchte seinem Hund dabei zuschauen, wie er drangsaliert wird? Verkehrte Welt.

Spaß ist nur, wenn beide lachen. Einen aufdringlichen Rüden nicht kompetent abwehren zu können, das ist Stress für eine Hündin! Das entbehrt doch jedweder Niedlichkeit und wenn es um Zuneigung geht, dann denkt mal an den Bernhard Diener und die Blumen von der Tanke. Kann man machen, muss man aber nicht! Diejenigen, die deeskalierend unterwegs sind, haben irgendwann den Kanal voll.

Muss denn alles immer so lange in die falsche Richtung laufen, bis es knallt, bis einer ein Loch im Ohr hat? Wir Menschen haben es in der Hand und unsere Aufmerksamkeit ist gefragt. Was lernen Hunde, die immer wieder negative Erfahrungen mit Artgenossen im Beisein ihrer Menschen sammeln müssen? Dass der Mensch ihre Sicherheit schlichtweg nicht gewährleisten kann!

Grüße an den Freilauf-Fluppi und den Clausi an dieser Stelle. Wir Menschen wissen auch oftmals nicht, wann Schluss ist. Wir überspannen den Bogen und wenn der Pfeil erst einmal in der Luft ist, na dann viel Spaß damit.

Der Halter eines Hundes darf gerne selbst entscheiden, wann er eine Situation als unangemessen für seinen Hund erachtet. Ob im Training oder in der Freizeit. Tut es dem Hund nicht gut, dann beendet man es. Klare Kante zum Wohl des Hundes.

Zu oft sind wir Menschen so sehr auf die Außenwirkung bedacht, dass wir nicht handeln. »Was sollen denn die Leute denken, wenn ich andauernd Richtungswechsel mache? Die glauben ja, ich hab einen im Tee.« Gut, dann lassen sie einen wenigstens zufrieden. Es ist immer die Einstellung zu einem Problem, die das Problem erst problematisch macht.

Es ist gelegentlich hinderlich, immer nur den Außenfokus eingeschaltet zu lassen, aber sich bewusst zu machen, dass man in der Öffentlichkeit mit seinem Verhalten rund um den Hund auch angreifbar ist, ist nicht ganz unwichtig. Betrachten wir den Außenradar doch als kleinen Schutzmechanismus, der uns davor bewahren kann, nicht aus einem Impuls heraus ungerecht oder auch ungehalten mit dem Hund umzugehen. Kennen wir doch alle – Hund hat uns fast von den Füßen geholt, da werden sogar die liebsten Menschen mal ungehalten und machen sich Luft. Nur bringt es ja nichts und wenn dann noch ein Außenstehender im Vorbeigehen die Augen rollt, dann wissen wir doch ganz genau was er denkt: »Hund nicht im Griff und keine Ahnung von Benimm!« Dazu gibt es ein kleines Beispiel, das das Leben schrieb.

Wirkung auf Außenstehende

Frau Knieslich ist morgens um 8:00 Uhr mit Hund müde, aber zufrieden im Wald unterwegs. Alles ist gut, Hund hört und macht keine Sorgen – traumhaft. Die Runde neigt sich dem Ende und es geht zurück ans Auto. Der nette Hund wird angeleint und das alles in Ruhe und mit Bedacht, vorbildlicher geht es kaum. Am Auto angelangt, möchte Frau Knieslich gerade ihren Hund in den Kofferraum hüpfen lassen und erkennt: Ups, da ist ja noch einer. Der Trend zum Zweithund ist uns ja hinreichend bekannt, aber so von jetzt auf gleich, ungewöhnlich. Nun gut, der ungebetene Vierbeiner hat seinen Menschen irgendwo im Wald verloren und somit ist klar – da muss der »Ersatz«-Mensch jetzt sehen, dass er die Situation unter Kontrolle bringt. Der noch nicht ganz verstaute eigene Hund findet es extrem blöd, dass ein wilder Gockel um ihn und sein Frauchen herumturnt, ans Auto springt und dabei auch noch laut wird – die Situation spannt sich an. Die durch den Fremdhund gestresste Besitzerin hat heute keine Zeit für »Feini, schau mal, geh mal hüpfi Auto«, also verfrachtet sie ihren zu Recht aufgeregten und bellenden Hund schnellstmöglich, aber ausnahmsweise weniger pädagogisch in den Kofferraum. Sicherheit geht vor! Der andere Hund macht sein eigenes Ding, bis endlich der passende Mensch den Weg entlangkommt. Ohne jedes Schamgefühl hat dieser zugeschaut, wie sein Hund einen anderen Hundehalter belästigt und diesen, samt Hund, in eine stressige Situation gebracht hat. Und welchen Spruch möchte man in diesem Moment garantiert hören? »Also ich an Ihrer Stelle wäre mit so einem Hund auch überfordert!« Perfekt, oder?

Man wird genötigt, eine schnelle Lösung für ein Problem zu finden, wuchtet seinen Hund aus der Gefahrenzone und bekommt dann Mitleid oder kluge Sprüche vom Verursacher. So etwas will keiner. Jeder will es doch für seinen Hund gut machen. Und wenn dann das Leben einfach nicht mitspielt und es einmal hektisch, ruppig oder laut wird – um Himmels Willen – lasst doch den Ausrutscher einfach an Euch vorbeihuschen. Wir haben es gemerkt, es war nicht schön für unseren Hund, egal wer Schuld hatte – aber damit ist es auch gut. Ihr, liebe Leser*innen, Hundehalter*innen, die Ihr so sensibel seid, dass ein Augenrollen eines Passanten schon ausreicht, um sich zu fragen: »War ich jetzt echt unfair zu meinem Hund?«, seid genau diejenigen, die sich keine Gedanken machen müssen. Ihr wisst, was schiefgelaufen ist, denn es passiert Euch selten. Ihr spielt die missglückten Szenen im Kopf immer und immer wieder durch, sucht nach einer Lösung, die womöglich besser gewesen wäre. Da ist viel

Reflexion und somit auch ein gutes Verständnis für den richtigen Umgang mit dem Hund. Es sind eben Ausrutscher, die passieren und wir wissen es. War nicht okay für den Hund, wir waren vielleicht ungerecht, doch es bleibt die Ausnahme. Schwierig wird es nur, wenn Hundebesitzer es überhaupt nicht mehr fragwürdig finden, was sie da so in der Öffentlichkeit treiben. Es ist zur traurigen Routine geworden, so oder so mit seinem Hund umzugehen. Dazu werfen wir noch eine kleine Anekdote ein. Beispiele aus dem Leben machen Dinge doch erst greifbar. Los geht's!

Sonntags auf der Hundemesse

Wir geben ein, aus vielen Szenen zusammengesetztes, Beispiel zum Thema »Außenwirkung mit Hund und Distanzlosigkeit«.

Begeben wir uns einmal dorthin, wo man meinen würde, dass aufeinandertreffende Fachleute und Hundefreunde es besser wissen müssten: Kommerzielle Veranstaltungen mit Produkten aus aller Herren Länder nur für den Hund. Hier sollte man doch annehmen, ist die Hundewelt noch in Ordnung. Wir klappen unseren imaginären Klappstuhl auf, nehmen Platz und beobachten Folgendes: Die auf Profit ausgelegte Veranstaltung rund um den Hund öffnet ihre Pforten. Die Messe findet bei angemessenen 28 Grad im Freien statt, das muss noch angemerkt werden. Es ist ein Sonntag und man muss ja ohnehin mit dem Hund irgendetwas machen, also schlendert Familie Saat-Krähe über die bunte Hundemesse. Sie möchte mal schauen, was es so gibt und auch, wenn der mitgeschleifte Hund bei diesen Temperaturen in der Sonne etwas ermattet wirkt, egal, das Programm steht und der Eintritt ist sowieso schon bezahlt. Da muss der Paulemann halt durch. Die »Saat-Krähen« lassen sich von den Menschenmassen treiben und wenn nicht gerade geschoben und geschubst wird, dann zieht eben der Paulemann die Herrschaften durch die Reihen der Verkaufsstände. Wer bewegt wen, man kann es kaum noch sagen. Die Saat-Krähens stranden an einem Stand, dessen Verkaufsteam dem Paulemann irgendetwas zum Fressen in den Hals schiebt. Was es war, ob es seitens der Besitzer erlaubt war, egal – eh zu spät. Kundenfang über den Hund, sehr clever. Die Familie ist nun also in der Zwangsberatung gestrandet und das Team der Firma Feini-Fein kann sein Wissen ausbreiten. Sie verkauft auf der Messe tolles Futter, ach was, das Beste und Fluffi-Duffi-Hundebettchen. Alle Produkte sind so perfekt für den Hund, dass Familie Saat-Krähe sich schon fast hinreißen lässt, bedingungslos alles zu glauben, was die zwei Verkaufspapageien da so zwitschern. Wertvoll sei es, und wie man nur am Geld sparen könne, wo es doch um die Gesundheit des Hundes gehen würde. Gut, Frau Saat-Krähe hat nach zwei Minuten am Stand bereits den ersten 12,5-kg-Sack Feini-Fein Ente mit Hirn unterm Arm. War ein Schnäppchen, zwei Euro gespart. Läuft!

Weiter geht es mit dem hochwertigen Herumliegen der Hunde, da könne man ja fast alles falsch machen. Das Zusammenleben mit Hund steht und fällt mit der richtigen Matratze. Aha, Herr Saat-Krähe wirkt noch etwas skeptisch, aber er hat ja auch chronisch Rücken, warum soll es dem Hund da anders gehen als ihm? Wenn der Hund nun also nicht im Fluffi-Duffi-Bettchen schläft, so das Beratermännchen von Feini-Fein, hätte das ja Auswirkungen auf den Klimawandel. Und nur mit dem Fluffi-Duffi-Bettchen wäre der Hund in der Lage, 150 Jahre lang schmerzfrei zu liegen, wenn er nicht vorher verstirbt. So oder so wäre er auf jeden Fall glücklich. Respekt, die Standbetreiber sind sehr engagiert und wissen, wie Hund liegt und frisst, das muss man ihnen lassen.

Gefangen in dieser absurden Unterhaltung, lassen wir unseren Blick etwas schweifen und erblicken zwei Grillhähnchen. Ungewöhnlich für eine Hundemesse, dass man auch Hühner anbietet. Aber nein, Moment, es handelt sich doch … um Hunde. Sie waren nur schwer zu erkennen, da wir persönlich die Stallhaltung eigentlich nicht mit Hunden in Verbindung bringen. Okay, wir lernen dazu! Die Hunde der Standbetreiber Feini-Fein wurden aus Sicherheitsgründen eingegattert und das ist sicher besser, als sinnlos unbeaufsichtigt durch die Menge zu rennen und verloren zu gehen. Im Auto ist es bei 28 Grad im Schatten auch keine Option, die Tiere einzulagern – also lieber an der frischen Luft verweilen. Erst einmal gar kein so schlechter Impuls. Jedoch, wie so oft, ist die Umsetzung einer Idee der Faktor, der über Erfolg oder Misserfolg entscheidet! Nun stellen wir uns mal die Frage, warum die Hunde überhaupt mit auf eine Massenveranstaltung, inklusive Arbeitseinsatz, geschleift werden müssen? Zu kleinlich wollen wir zwar nicht werden, aber fragen wird wohl erlaubt sein. Gewiss gibt es Gründe, weshalb alle Hundebetreuer ausgebucht waren, kein Familienmitglied vorhanden, das die Hunde mal für einen Tag beaufsichtigen wollte und man sie deshalb so unangemessen in der Menge zur Schau stellt. Die zwei Hunde kauern in einem Laufstall, in der prallen Sonne. Dazu muss erwähnt sein, dass einer der beiden Hunde schwarz ist und fast nackt. Also keine Mütze, keine Jacke und kein Fell. Sonnenschutz, Fehlanzeige. Das Gatter mit den zwei Geiseln wurde dazu noch liebevoll vier Meter vor dem Verkaufsstand platziert, denn nur so sehen die Hunde genug. Gut, ein Kundenstopper mit Alurahmen und Poster »Hier alles feini fein«, hätte das Werbebudget gesprengt. Da kann man das Nutzlose mit dem Sinnfreien verbinden und die Hunde als Werbemittel drapieren. Sie sollen ja dabei sein, dann auch mit Nutzen fürs Business. Dass die bunten Verkaufsfuzzis, wir nennen sie mal Cindy und Bert, irgendwo in ihren Beratungen rund um die Top-Produkte zum Wohl des Hundes verstrickt sind und keine freie Minute für die Hunde haben, egal. Deshalb wurden sie ja mitgenommen. Das ist doch besser, als alleine zu Hause. Welcher Hund wäre schon lieber im eigenen Haus auf dem Sofa, wenn er auch gegrillt werden kann?!

Schließlich ist das eine Messe FÜR Hunde, sagen die Leute, da müssen sie doch auch mit. Immerhin ist es hier erlaubt, den Hund mit zur Arbeit zu nehmen! Die Menschen machen ihren Job und die Hunde sind mit dabei. Wie die Bürohunde, nur schlimmer. Da hocken sie nun, die »Standhunde« ohne Feini-Fein-Futter, ohne Fluffi-Duffi-Bettchen und noch besser, auch ohne Wasser. Womöglich sind die Produkte doch nur Müll, billige Auslandsware, wenn der eigene Hund als Ausstellungsstück und Proband in der ersten Reihe noch nicht einmal davon profitieren durfte. Sehr fraglich, welche Signale man hier nach außen senden möchte. Als Entschädigung für ihren fremdbestimmten Einsatz am Stand – oder besser formuliert vor dem Stand – werden die Hunde allerdings pausenlos von Passanten gestreichelt, die ganz ohne Hirnaktivität nonstop über den Laufstall langen und nach den Hunden grapschen. Vielleicht meinen sie es nur gut, wollen die kläffenden Hündchen einfach nur etwas beruhigen. Oder man macht es, weil man es kann. Weil man selbst einen Hund hat. Also ist alles erlaubt. Was ist denn da los? Erwachsene Menschen erlauben ihren Kindern vor den eingegatterten Hunden Grimassen zu schneiden: »Schau mal, wie der jetzt guckt!« Sind wir denn im Zirkus der Raritäten ausgestiegen oder was steckt dahinter? Zumindest mal ein inkompetentes Elternpaar, ja das darf man so sagen. Denn, wer seinen Kindern keine Empathie vermitteln möchte, der tut gut daran, sich gleich das Handbuch für pubertierende Psychopathen zuzulegen. Sie werden es zu gegebenem Zeitpunkt dankbar erneut zur Hand nehmen. Wo soll er herkommen, der respektvolle Umgang mit Tieren und mit Menschen?

175

Vielleicht ertappen sich einige von Euch auch an dieser Stelle, dass sie ebenfalls einfach so einen fremden Hund im Vorbeigehen gestreichelt haben. Gedankenverloren, wie eine Art Reflex. Die Anziehungskraft von Hunden ist uns allen ausreichend bekannt. Aber es ist noch ein Unterschied, ob man sich dabei ertappt, etwas eigentlich Übergriffiges getan zu haben, oder ob man massiv ein Tier bedrängt, weil man nur eine leere Festplatte im Oberstübchen angeschlossen hat.

Bringen wir uns doch mal selbst in diese Situation, dann begreifen wir es womöglich langfristig besser: Stellen wir uns vor, wir müssten mit zur Kirmes, obwohl wir gar keine Lust auf Kettenkarussell und Autoscooter haben. Wir würden eher ein gutes Buch und Ruhe vorziehen. Des gepflegten Gruppenzwangs sei Dank, geht man aber mit, steht da so rum und macht das Beste daraus. Man sucht sich eine Nische und hofft darauf, möglichst wenig geschubst zu werden. Blöd nur, dass die Gruppe beschlossen hat, sich an der Achterbahn festzusetzen. Alle finden es toll, nur man selbst ist schon halb taub von den lustigen Ansagen. »Alle herein, kopfüber in den Irrsinn, treten Sie näher und ab geht die Luzie!« Als wäre das nicht schon nervig genug, kommt irgendein Fremder und nimmt sich eine gebrannte Mandel aus dem Tütchen, das man fest in seiner Hand hält. Tolle Sache, man will noch etwas erwidern wie »Entschuldigung, kennen wir uns?«, da ist schon der nächste Passant dabei, einem das umgehängte Lebkuchenherz von der Schnur zu nagen. Einfach so, weil das witzig ist. Ist doch ein Event für Menschen, da wird ein kleiner Gag erlaubt sein. Unfassbar! Fremde Menschen machen an einem herum als wäre man – ja was wäre oder ist man denn in so einer Situation? Allgemeingut? Beim

Darüber-Nachdenken hat man einen halben Liter Bier einmal quer über den Rücken abbekommen, aber nur, weil der Getränkehalter damit beschäftigt war, uns in unserer Handtasche zu wühlen. Er brauchte einen Stift wegen der Telefonnummer von der Susi, die er gerade kennengelernt hat.

Wäre das eine Situation, die wir für uns herbeiwünschen würden? Die wir über Stunden ertragen könnten, ohne pampig zu werden? Und was, wenn pampig werden nicht hilft und alle um einen herum über unseren Versuch, sich der Übergriffe zu entziehen, nur lachen? Für uns eine unvorstellbare Situation, doch unseren Hunden muten wir dies zu. Kaum nachzuvollziehen. Sind wir ernsthaft nicht in der Lage zu erkennen, was hier falsch läuft?

Zurück zum Messeevent:

Der Eventbesucher mit eigenem Hund am Gurt baumelt kopfüber über den hilflosen Geiseln. Währenddessen reviert die eigene Brut schön das kleine Laufställchen von außen ab. So wird's gemacht. Zum krönenden Abschluss pöbelt der mitgebrachte Großkotz auch noch einmal mit Nachdruck ein zorniges »Servus« durch die Gitter. Fantastisch! Die Insassen lassen das Geschehen so gut es geht über sich ergehen, denn sie befinden sich am Rande ihrer Belastbarkeit. Sie versuchen, die aufdringlichen Patschehändchen der Besucher wegzuatmen, das Ganze von 11:00 Uhr bis 18:00 Uhr, dann ist Abbau. Da müssen sie wohl durch! Hätten wir so etwas nicht live und in Farbe miterlebt, wir würden es keinem glauben.

Die Grillhähnchen waren an diesem heißen Sommertag nicht die einzigen Gefangenen. Es gab noch einen Stand, der sich ebenfalls eine Medaille verdient hat. Wie viele Windhunde lassen sich in einer Gitterbox stapeln? And the Winner is, die Tante mit den Glitzergurten und den schönen Haaren von Stand 12. Glückwunsch! Die Dame sprach den ganzen Tag euphorisch und ununterbrochen über die

Wichtigkeit der Breite des Halsbandes, der Farbwahl des Leders, wegen des globalen Feng-Shui-Effekts. Sie hat sich so viel Mühe rund um die Optik gegeben, dass sie beim Zählen der eingesperrten Hunde unter dem Ladentisch einfach durcheinander gekommen ist. Man kann nicht alles richtig machen, irren ist menschlich. Nur wenn das Make-up unsauber aufgetragen ist, also da hört der Spaß auf. Sie hat sich bestimmt nur verrechnet, wie schafft man es sonst, vier Hunde in einen Kennel, der für einen Hund konzipiert ist, zu zwängen. Wir möchten nicht unfair werden, denn schließlich hat die Dame ganz tolle Haare. Und sie hat die Hunde nach vier Stunden auch mal jemandem lieblos für eine Runde Gassi in die Hand gedrückt. Dabei trugen diese jeweils passende, artgerechte Halsungen aus veganem Schnickschnack-Material aus eigener Manufaktur. Nur so ist das Hundeleben perfekt! Sie sollen sich ja keine Druckstellen vom Halsband holen. Nö, dann lieber einen Haltungs- und Dachschaden vom »Krumm-in-der-kleinen-Box«-Hocken. »Hauptsache, die machen mal was«, hat sie gesagt, ja darum geht's. Die Grundbedürfnisse sollen erfüllt werden. Pinkeln, den richtigen Halsschmuck tragen und ansonsten unterm Tisch die Schnauze halten. Hund müsste man sein!

Nun sind die letzten Besucher der Messe endlich gegangen und man könnte meinen, es kehrt Ruhe ein. Weit gefehlt, denn jetzt kommen noch die irrwitzigen Standbetreiber mit ihren gestressten Hunden zum Einsatz. Total überdreht über den Erfolg oder das finanzielle Desaster, geht jeder noch einmal zum anderen und sagt Tschüss. Das Tschüss-Sagen verläuft für die Grillhähnchen von Feini-Fein wie das Hallo-Sagen. Es gibt Menschen, die zwar »Aussteller« sind, dennoch kein Benimm und kein Händchen für Hunde mitbringen. Diese patschen also nochmals beherzt in den Laufstall und ihre Hunde pinkeln zum Abschied gezielt den anderen beiden durchs Gitter. Keiner merkt es, niemanden interessiert es, unfassbar. Fachpersonal unter sich! Kann es noch besser werden?

Es scheint so, als hätten die Standbetreiber der Firma Feini-Fein ihren Körper einfach verlassen. Denn nur so lässt es sich erklären, dass sich die beiden absolut Null um diese unerträgliche Situation ihrer Hunde gekümmert haben. Sie haben die Situation herbeigeführt und nicht ein einziges Mal eingewirkt, um etwas für ihre Hunde zu optimieren, somit scheint es für sie »normal« zu sein.

Die Hunde waren aus ihrer Sicht halt mit dabei und darum geht es doch, oder? Wir sind sicher, die Zeit verging für diese Hunde wie im Flug. Sie waren ja schließlich mit ihren Haltern zusammen. Leider nur auf eine befremdliche Art und Weise. Mit ihren Menschen am selben Ort, dennoch komplett auf sich gestellt – muss wohl ausreichen für die Haltungsnote.

Solche Geschichten, die wir hier zwar etwas überdreht ausschmücken, machen uns sehr betroffen. Selbstverständlich lassen wir, wenn wir Zeugen eines so unsachgemäßen Umgangs mit Hunden werden, die Situation nicht unangesprochen. Man muss nicht stundenlang zuschauen, wenn man sich sicher ist, dass hier etwas unternommen werden muss.

Zu Gunsten des Leseflows haben wir diverse Anekdoten zu einem Szenario zusammengefasst und nein, das alles haben wir uns nicht ausgedacht. Wir sind fast schon an einem Punkt der mentalen Überforderung: Man sieht solche Dinge und irgendwie kommt das Gesehene im Gehirn gar nicht an, denn es kann ja nicht sein. Fake News, würde Donald behaupten. Wie ein Unfall – schau nicht hin, ist schlimm, aber man ertappt sich, dass man den Blick nicht abwenden kann. Wer Hunde hat und diese mit zur Messe, sprich zur Arbeit, nehmen muss, der sollte sich mal überlegen, wie sich das auf den Hund auswirkt. Man kann das ganz einfach im Selbsttest machen, indem man sich selbst seinen Verkaufstext erzählt. Darin kommt hundertprozentig eine Aussage über die Gesundheit des Hundes vor, auf jeden Fall etwas darüber, dass das eigene Produkt etwas zum Wohl des Hundes beiträgt und ebenfalls, dass man sich mit Hund und Co. auskennt. Dann schaut man mal in die Gitterbox mit den eigenen gestressten Hunden und schämt sich! Aber wie überall, gibt es auch die Aussteller, die gleichzeitig Hundehalter sind und es toll machen mit ihren Hunden. Solche, die die Balance zwischen Business und sich parallel noch um die mitgebrachten Tiere zu kümmern hinbekommen. Das zeigt doch einmal mehr, dass es möglich ist. Sicher anstrengend, allem gerecht zu werden, dennoch eine lösbare Aufgabe – eine selbst auferlegte noch dazu.

Wir alle gehen unseren Jobs nach. Ob wir nun zu Messen fahren, zu Seminaren oder der Hund mit ins Büro geht, jedoch hat alles seine Schmerzgrenze. Wenn sie mitmüssen, weil es keine Betreuungsmöglichkeiten gibt, dann macht es wenigstens gut für sie. Ihr Lieben, bei so etwas haben wir gar keine Lust, uns zurückzuhalten. Mit »Ja, kann alles mal passieren« und »Ist mir auch schon so gegangen«, erklären wir gerne vieles. Aber man muss nicht alles weichspülen. Wir Menschen machen Fehler, allerdings ist so etwas kein »Ups, das ist mir so passiert«-Ding, sondern ein »Ich mach das immer so«-Verhalten – eine schlechte Angewohnheit.

Ab und an braucht es mal die Stiche in die Seite, um zu erkennen, dass wir Menschen uns teilweise nicht im Griff haben. Und da sind wir wieder alle im selben Boot. Was macht es mit dem Hund, wenn er im Beisein des Besitzers in Unterbüxen vor den Fremden stehen muss? Alle lachen ihn aus oder motzen ihn an und der Mensch ist zufrieden, weil er es womöglich nicht mitschneidet. Der Hund kann nicht abhauen, weil er ja hinter Gittern hockt. Was ist da los? Worum geht es uns? Ein Hundeevent ist doch ein Event FÜR Hunde und nicht GEGEN sie! Und ja, es gibt auch die Menschen, die es toll machen, deren Hunde ihren Rückzugsort haben und es mental ab-können, wenn es turbulenter ist. Sie haben ihren Menschen aktiv an ihrer Seite, der emotional verfügbar ist, auch im geschäftlichen Trubel. Es geht doch!

Ein Tag im Kofferraum für drei Minuten Ruhm

Ähnliche Szenarien spielen sich auch gerne mal im Hundesport-bereich ab. Oh, oh, da waren wir schon weiter vorne durchaus kritisch. Aber hey, dieser Punkt passt zu sehr vielen Bereichen. Es macht definitiv keinen erkennbaren Sinn, auf eine Veranstaltung zu gehen, die man nur wegen seines Hundes besucht, und diesen dann für seine erbrachte Leistung nicht wertschätzt. Der Hund hockt allein irgendwo in der Box, jeder läuft an ihm vorbei, Frauchen träumt von der Medaille und vergisst, wie wichtig ihre Anwesenheit für den Hund wäre. Der ist irgendwo geparkt, weil noch nicht dran. Dann wird endlich ihre Startnummer aufgerufen und auf einmal ist der Hund gefragt. Poldy wird aus der Box befreit, hurtig durch den Par-cours manövriert, und dann darf er wieder in die Kiste. Frauchen geht flugs zu den anderen Teilnehmern und Besuchern und berichtet, wie IHR Auftritt so war. Was stimmt an so einem Umgang mit dem Hund nicht? Eigentlich ist alles falsch. Und bitte, solche Vorgehens-weisen sind keine Seltenheit. Ob der Hund den Tag im Kofferraum verbringt und nur für drei Minuten Ruhm ausgelüftet wird, oder ob man zu Seminaren geht und vollgestopfte Autos passiert, aus denen es stundenlang kläfft. Wir Menschen vergessen die Auswirkungen auf unsere Hunde.

Komfortzone Auto?

Bleiben wir bei den wissbegierigen Hundeverstehern. Ach, ja die Trainerszene bekommt es nochmals ab, gut, dann haben die Hundesportler etwas Freizeit.

An dieser Stelle noch einmal danke an Euch, fürs Weiterlesen. Wir teilen ganz gut aus, aber wir stecken auch ein. Denn auch wir sind Hundehalter mit Fehlern, Trainer mit schlechten Tagen, Menschen mit Persönlichkeiten und Schwächen, Rassehundeliebhaber aus Leidenschaft und Tierschützer aus Überzeugung. Dann mal los, und kräftig am Watschenbäumchen gerüttelt …

Wo waren wir? Aja, bei der Trainerszene. Nachdem wir festgestellt haben, dass man zwar tolle Produkte für den Hund verkaufen und dennoch jeglichen Bezug zum artgerechten Umgang mit seinem Tier verlieren kann, machen wir noch einmal die Biege zu der Trainerlandschaft. Auch in den eigenen Reihen sehen wir sehr häufig, dass Hund mehr im Auto lebt als Zuhause. Sicherlich bringt der Beruf es mit sich, dass wir unsere Hunde mit »zur Arbeit« nehmen, doch auch hier gibt es Grenzen. Was denken die Kunden? Was empfinden die Hunde dabei, stundenlang im Kofferraum gelagert zu werden? Wir sind alle nicht frei von Fehlern, aber bitte lasst uns wachsam bleiben. Nur weil die Hunde etwas stillschweigend aushalten, ist es noch lange nicht okay.

Wir geben noch einmal ein Beispiel mit auf den Weg, denn Geschichten, die uns zum Lachen oder Grübeln bringen, bleiben einfach länger im Kopf.

Trainerseminar hautnah

Da hätten wir Frau Heide Witzka. Sie möchte sich weiterbilden, denn sie macht ja jetzt in Hundeschule und damit sie weiß, worüber sie spricht, will sie Seminare besuchen und zuhören. Sie weiß eigentlich schon ganz viel und so ist das eine reine Formsache, so glaubt sie. Frau Witzka von der Hundeschule »Setz dich Jetzt« hat viel in sich investiert und kein Werbeaufkleber fürs Auto war ihr zu teuer. Sie macht alles – zumindest sagt das ihr Auto: Ernährung, Mantrailing, Bollerwagenziehen, Wahrsagen und angstfreies Klickern. Top, jetzt noch schnell etwas zum Thema »Frust« für die Unterlagen abarbeiten und dann schreibt sie direkt ihren eigenen Workshop aus. Zehn Stunden frustfreie Fährtenarbeit, das schwebt ihr so vor. Bringt Geld in die Tasche und das Auto hat noch eine freie Stelle, da fehlt noch der Aufkleber mit dem Aufdruck: »Ich kann auch Frust«. Dafür braucht sie die 400 Euro vom Workshop. Ja, Heide Witzka ist gut in Mathe. Sie arbeitet noch halbtags im Büro, auch wenn das Auto den Anschein erweckt, als wäre sie kurz vor dem Börsengang, es ist leider nicht ganz so, wie sie es sich wünscht. Dabei kassiert sie fleißig ab, macht auch mal ein Zehnerpaket, wo eine Stunde Beratung mit dem Hundebesitzer gereicht hätte. Egal, von nichts kommt nichts. Das Seminar geht los und es ist sehr aufschlussreich. Sie schreibt alles mit, nickt heftig und freut sich auf die Fragerunde mit dem Referenten. Frust, da ist man sich einig, ist ganz schlimm, wenn Hunde das nicht auszuhalten lernen. Da müsste man mit den Kunden häufig ein ernstes Wörtchen reden. Das ernste Wörtchen wird auch in diesem Seminar gesprochen. Stand zwar gar nicht auf der Agenda, denkt sich Heide, aber gut, sie ist flexibel. Leider endet das ernste Wörtchen mit der Frage, wem das zugekleisterte Auto auf dem Parkplatz gehört? Das mit dem fehlenden Aufkleber zum Thema »Ich kann auch Frust«. Frau Witzka ist irritiert, meldet sich aber und stellt sich nun der Frage, warum ihre Hunde einen solchen Terror veranstalten, den Parkplatz zusammenkläffen und sie hier drin Schnörkel ins Heft kritzelt. Heide hat leider keine passende Antwort, warum sie nicht im Vorfeld gefragt hat, ob Hunde mitgebracht werden können und sie hat auch keine Analyse dafür parat, dass ihre vier Hunde im Auto

so ungehalten sind. Sie hat die Hunde ja viel dabei, daher dachte sie, es ist auch jetzt in Ordnung. Wobei sie einräumen muss, dass sie dann das Auto irgendwo im Wald abstellt und das Gekläffe beim Training mit den Kunden nicht ganz so hallt, wie hier auf dem betonierten Parkplatz. Das wird es sein. Gut, Heide Witzka hat jetzt nicht nur keine Teilnahmebescheinigung und keinen Autoaufkleber, sondern auch viel weniger Facebook-Freunde. Man hatte ihr zwar noch angeboten, die Hunde nun ausnahmsweise mit in den Seminarraum zu bringen, doch das war leider für Heide nicht umsetzbar. Wie sich herausstellte, hält sie nicht allzu viel davon, ihre gepredigten Lerninhalte am eigenen Hund umzusetzen. Sprich, die Hunde kennen kein Still-unterm-Tisch-Liegen und auch keine anderen Situationen, in denen es einmal weniger um sie geht. Dumm gelaufen. Heide wird nun den fehlenden Aufkleber mit dem Schriftzug »Hunde, die bellen, beißen nicht!« ersetzen. Den macht sie selbst, das ist günstiger als noch ein teuer bezahltes Seminar früher zu verlassen.

Ja, etwas überzogen ist die geschilderte Geschichte schon, jedoch ist und bleibt es ein leidiges Thema. Wir achten zu wenig darauf, ob unser Umgang mit den Hunden noch der richtige ist. Mal im Auto bellen, kann doch sein und es ist kein Drama. Aber sollten wir es deshalb hinnehmen, immer wieder so eine Situation herbeizuführen? Gerade, wenn wir uns zu Weiterbildungen treffen, wir sind doch alles Kollegen mit Hunden. Warum sieht es denn bei den Fachkräften teils schlimmer aus, als bei den Kunden, die uns dafür bezahlen, dass wir ihnen sagen, wie es besser geht? Sind wir glaubwürdig, wenn wir unsere eigenen Ratschläge nicht mehr umsetzen? »Der ist das gewohnt im Auto!«, »Die wollen immer mit!«, »Dann muss ich nicht noch einmal nach Hause fahren, um sie fürs Gassi zu holen!« Acht Stunden? Auf engstem Raum? Echt jetzt? Jeder kennt diese Standardsprüche, warum die Hunde mal wieder im Kofferraum zwischengelagert werden.

Es gibt sicher kaum bis gar keine Hundetrainer, die keinen Hund besitzen. Also muss die Arbeit in Wald und Feld, inklusive der Versorgung der eigenen Hunde irgendwie koordiniert werden. Solange es zwischen den Übungseinheiten oder in den Seminaren ausreichend Quality-Time für die Autoinsassen gibt, kann man es wohl vertreten. Wenn wir aber mal ganz genau sind, dann würden wir doch einem Kunden, der nur unterwegs ist, eher vom Hund abraten als zu sagen »Ja, nimm doch gleich fünf auf einmal!« Was macht es bei uns anders? Haben wir uns selbst zur Ausnahme erklärt, weil wir es besser wissen und schneller gegensteuern können, wenn wir erkennen, dass es für den eigenen Hund suboptimal läuft? Lassen wir das mal so stehen und achten einfach auf unser Bild, das wir abgeben. Machen wir uns nicht angreifbar und bleiben wir realistisch, in dem, was wir als Menschen mit zwei Händen so ableisten können.

Verantwortungsvoll durch den beruflichen Alltag

Stellt Euch einmal vor, es ist ein Ärztekongress am Start. Die Hirnchirurgen tagen und somit befinden wir uns doch unter Menschen, die wir als kompetent am Arbeitsplatz einschätzen würden. Seriös, man arbeitet am Gehirn, soweit eben vorhanden. Nun reißen wir die Tür zum Tagungsraum auf und erwarten interessierte Menschen, die Wissen austauschen und über Studien diskutieren. Wir finden stattdessen 200 halbnackte Besoffene vor, die Ballermann-Hits grölen und an der Leinwand erscheint kein Dia von Neuronen, sondern Miss Oktober. Ganz ehrlich Leute, wer würde sich von einem dieser Gestalten am nächsten Tag gerne ein Gerinnsel aus dem Gehirn operieren lassen? Hand hoch, Freiwillige vor. Seht Ihr, es ist absurd. Wir wollen bestimmte Dinge nicht sehen. Wir wollen nicht wissen, ob unser Zahnarzt Löcher in den Zähnen hat. Er soll seinen Job gut machen und zumindest mal nach außen hin ein solides Bild abgeben.

Egal, wenn er dann abends daheim Zahnschmerzen hat, seine Patienten sehen es nicht, es sei denn, er postet es auf Facebook.

Als Trainer muss man ganz bestimmt nicht perfekt sein, aber sollte das, was man sich auf die Fahne geschrieben hat, auch leben. Zu Hause ist zu Hause, aber wenn wir in der Welt schlaue Dinge erzählen, dann sollten wir dafür sorgen, dass unsere Hunde im selben Atemzug kein klägliches Bild abgeben. Unsere Hunde sind doch unsere Referenz, unser Aushängeschild. Sie brauchen nicht wie Soldaten marschieren, sie müssen gut mit uns sein, uns vertrauen. Denn das ist es, was auch unsere Kunden in der Regel mit ihren Tieren lernen wollen. Nicht, wie lange ich die Hunde, ohne angezeigt zu werden, im Auto bellen lassen kann.

Egal, von welcher Seite aus man das Leben mit Hund beleuchten mag, es geht immer um die Wertschätzung, die man seinem Tier gegenüber zeigen sollte. Auch wenn es mal knirscht im Getriebe, wir sollten stets dankbar sein, dass wir Hunde halten dürfen. Sie sind ein Geschenk, gelegentlich ein sehr herausforderndes. Aber wir nehmen sie freiwillig bei uns auf, buhlen um ihre Zuneigung, so falsch können sie also nicht sein.

Hunde haben sich ihren Platz an unserer Seite erarbeitet, sind aus unserem Alltag nicht mehr wegzudenken und machen aus uns erst ein Ganzes. Zumindest bei uns hundeverrückten Menschen ist das so. Sie tragen so manche Last, die wir von unseren Schultern plumpsen lassen und füllen Lücken im menschlichen Leben. Ja, wer würde ihnen also absprechen wollen, wertvoll zu sein? Ein harmonisches Miteinander, das ist doch ein erstrebenswertes Ziel!

Der eine oder andere, der unser ganz spezielles Miteinander mit unseren Hunden kennt, der versteht, warum wir immer wieder auf Dinge wie Wertschätzung und Wohlwollen hinweisen. Es ist das, was am Ende des Tages bleibt. Die Erkenntnis, dass wir es uns so ausgesucht haben, dass wir Verhalten auslösen und steuern können und dass unsere Hunde uns im Gegenzug aushalten. Es stimmt uns versöhnlich, wenn der Tag mal wieder fremdbestimmt und holprig war.

> *Es ist immer die Einstellung zu einem Problem, die ein Problem groß oder klein erscheinen lässt.*

Muss der Hund auf dem Tisch stehen und mir die Butter klauen? Nun gut, wenigstens hat er die Wurst auf dem Teller gelassen. Ist das Problem nun ein Drama oder eher nur eine Fußnote im Tagebuch: »Hätte schlimmer kommen können, heute nur Butter!«

Wenn man sich immer wieder verdeutlicht, welche Möglichkeiten ein Hund hat, um aus unserer Sicht einen Bock zu schießen und dann, als einzige Spielkarte die »Ich nehme heute nur die Butter!«-Karte zückt – doch gar nicht so schlimm. Natürlich darf man nicht alles süffisant und witzig abtun, aber es geht um die Relation. Konzentrieren wir uns auf die Fortschritte und auch, wenn es uns winzig klein erscheinen mag, um genau diese kleinen Optimierungen geht es doch.

»Ich an Deiner Stelle würde ausflippen!« Ja, wir an unserer Stelle auch ab und zu, nur was bringt es? Wir wissen, was wir tun, wissen was wir gepflegt nicht tun, sind authentisch und leben mit jeder Lücke in unserem System. Sicher haben wir, auch, wenn wir es immer sehr lustig wirken lassen, schon noch alles auf dem Schirm, was unsere Hunde uns da so anbieten. Wer ein Verhalten jederzeit abstellen oder umleiten kann, der atmet auch ein Stück Butter locker weg, oder einen leergeschlürften Becher Kakao auf dem Esstisch. Nicht der Rede wert. Vor zwanzig Jahren wäre bei uns womöglich auch ein Tornado der Entrüstung ausgebrochen. Heute, mit mehr Erfahrung, mehr Wissen, mehr Sicherheit um das eigene Können, denken wir eher »Krass, wie flink er vom Stuhl auf den Esstisch gesprungen ist!« Blickwinkel verändern sich. Wir versuchen stets Dinge in Relation zu setzen, lachen sehr viel mit und durch unsere Hunde, aber gewiss nicht gemein über sie. Vielleicht ist es der Tatsache geschuldet, dass wir schon vieles gesehen haben und den Unterschied zwischen »schlimm« und »verdammt schlimm« kennen. Wir sind dankbarer und demütig geworden.

Ein Wort zum Schluss

Abschließend starten wir einen letzten Versuch, dieses Buch kurz zu erklären. Ja, so etwas machen wir Experten am Ende der Lektüre. Denn, wer es nicht bis zum Schluss liest, der darf sich die Frage »Was soll das denn bitte?« selbst beantworten. Was haben wir uns dabei nur gedacht? Wir hatten es von Ansprüchen und Erwartungen, von Nostalgie und dem knallharten Aufschlag in der Realität. Einige Anekdoten haben, stellvertretend für jede Menge Wahnsinn in der Hundewelt, ihre Aussage gemacht, und wir haben eine ordentliche Portion Meinung kundgetan.

Warum haben wir eigentlich ein Buch geschrieben? Weil wir unsere Meinung und unsere Anekdoten nicht länger für uns behalten wollten! So war es irgendwie. Zurückblickend auf jede Menge Erfahrungen mit Hund und Mensch, haben wir uns aus einer guten Laune heraus dazu entschlossen, es einfach einmal rauszulassen. Planung und Struktur beim Schreiben? Im Leben nicht! Jeden Tag hysterische Sprachnachrichten, Gelächter, Aufregung, Frustration und zwischendrin auch wirklich Kompetentes und Analytisches, so war es wohl eher.

Die Frage »Was macht es mit dem Hund?« verfolgt uns schon eine gefühlte Ewigkeit. Also haben wir beschlossen, das Thema »Hund« aus diesem Blickwinkel zu beleuchten. Nicht, wie bekomme ich den Hund dazu, dies oder jenes zu tun. Sondern, wie beeinflussen wir durch unser Handeln sein Leben, sein Verhalten, sein Zusammensein mit uns?

Denn seht es doch einfach mal so: Alles, was unsere Hunde tun, tun sie direkt vor unserer Nase und mit unserem – manchmal auch unbewussten – Einverständnis. Es gibt keine geheimen Absprachen, keine internen Meetings hinter der Hecke, in denen Pläne gegen den Menschen geschmiedet werden. Es steht auch kein Flipchart hinterm Hühnerstall, auf dem wilde Spielzüge skizziert sind. Hunde machen IHR Ding, bis wir Menschen uns dabei ertappen, dass dieses Ding ja gar nicht unser Ding ist. Sie sind vor unseren Augen kreativ, probieren aus, hampeln sich den Alltag schön und wir sind verzückt, verpeilt oder einfach desinteressiert. Bis es uns womöglich um die Ohren fliegt.

Es gibt Kritik, es gibt Lob, es gibt etwas zum Lachen, unterm Strich möchten wir, dass sich jeder angesprochen, aber auch verstanden fühlt. Darüber nachdenken und Reflexion – das ist uns wichtig! Gewiss sind Dinge ins Rollen gekommen, sicher gibt es hie und da Widerstände. Schaut sie Euch ruhig an, wer weiß, wofür es gut ist. Wir wünschen Euch alles nur erdenklich Gute mit Euren Lieben!

Eure Frauke und Perdita

P. S. Susanne Kerl, Perditas Redakteurin-Freundin sagt: »Einer muss sich plagen, der Schreiber oder der Leser« und zitiert damit Wolf Schneider. Wir hatten es leicht. Sorry, isso.

Fragen zum Reflektieren
...für ein besseres Miteinander

> Warum habe ich einen Hund und weshalb gerade diesen?
> Was will ich für meinen Hund sein?
> Was erwarte ich von meinem Hund?
> Was erwartet mein Hund von mir und warum?
> Was braucht mein Hund?
> Wie wirke ich auf meinen Hund?
> Was sagt mein Hund über mich aus?
> Nehme ich das Verhalten meines Hundes persönlich?
> Was mag ich an meinem Hund? Was nicht? Weshalb nicht? Was hat das mit mir zu tun?
> Klappt das Zusammenleben »draußen« genauso gut, wie drinnen, oder bin ich draußen eher der Miesmacher?
> Bin ich verlässlich für meinen Hund?
> Weiß ich, was meinem Hund – gemeinsam mit mir – Spaß macht?
> Kann ICH Glanz in die Augen meines Hundes bringen?
> Was mag mein Hund nicht? Wie sieht das aus? Kann ich es ändern?
> Würde ich mich wieder für diesen Hundetyp entscheiden? Wenn ja/nein, warum?
> Dürfte mein Hund genauso sein, wie er jetzt ist, wenn er ein Mensch wäre?
> Worin ist mein Hund mir ähnlich? Im Positiven, im Negativen?
> Fühlt sich mein Hund manchmal überfordert? Wenn ja, wann und wodurch? Kann ich es ändern?
> Fühle ich mich als Hundehalter manchmal überfordert? Wenn ja, wodurch? Kann ich es ändern?
> Was macht meinen Hund aus?
> Was hat er mich (bislang) gelehrt?

Service

Dank

Nun gib das gute Händchen und sag artig Danke!

Dann machen wir das … Um den Wahnsinn auch in der Danksagung zu bedienen, bedanken wir uns hübsch bei uns selbst. Hätten wir uns nur einmal im Griff gehabt, nur einmal den inneren Schweinehund eine Extra-Runde mehr Gassi geführt, das Buch wäre schon seit Jahren im Handel. Gut, der Schweinehund hat nun ein eigenes Körbchen, in dem er wieder schrullig rumliegen kann, und wir haben noch mehr wirres Zeug im Kopf als vor unserer Teamarbeit.

Ein aufrichtiges Danke gebührt unserer Produktmanagerin Hilke Heinemann vom Verlag. Mit Nerven aus Stahl hat sie sich unserer Zeitrechnung unterworfen und verstanden, dass ein »Das ist dann morgen per Mail bei Dir« in unserem Universum ein Morgen in ferner Zukunft, am Rande einer unbekannten Galaxie ist. Wir danken Dir dafür, dass Du mehr als zehn Jahre gewartet und daran geglaubt hast, dass diese Lektüre zustande kommt.

Danke, liebe Dorit, für das tolle Vorwort. Du, als Wissenschaftlerin, hattest gewiss Deine liebe Müh', unserem wilden Wortgeschubse zu folgen. Wir wissen es sehr zu schätzen, dass Du Dich durch unsere Zeilen geforstet hast und sind dankbar, dass am Ende ein Lob heraussprang. Danke fürs langjährige Begleiten durch die Irrungen und Wirrungen der Hundeszene.

Danken möchten wir auch Fred Fuchs, der uns selbst und all die Szenen in der Hundewelt vortrefflich illustriert hat. Wir mussten nicht lange erklären, die Bilder entstanden ganz von alleine in seinem Kopf. Wer mehr über Fred Fuchs erfahren möchte, findet ihn unter www.fredfuchs.de.

Danke insbesondere an Ralf Scheuermann, Buchkritiker der ersten Stunde, Beobachter unseres Irrsinns und in aller erster Linie, Perditas Partner in Crime.

Ein großes Danke verdient auch das geniale Hunde-Akademie-Team, das Perdita loyal zur Seite steht und den Rücken frei hält, ebenso wie das Tierheim-Viernheim und das WIR-Team. Viele besondere Menschen, die viele besondere Dinge erst ermöglichen. In diesem Zuge einen großen Dank an alle Gönner, Unterstützer und Sponsoren von »Start ins – neue – Leben« und »Rettet das Nashorn«, explizit Mr. X.

Ein gebührender Dank geht an unsere klugen und kritischen Vorableser, die Buchstaben gedreht und Schlaglöcher gefunden haben.

Danke an unsere Leser*Innen, also an die, die es wirklich bis zum Schluss ausgehalten haben. Vielleicht konnten wir Euch etwas dazu ermutigen, Dinge einmal anders zu betrachten und mehr NEIN zu dem zu sagen, was sich schon lange komisch anfühlte, aber noch den letzten Anstoß von außen brauchte. Womöglich haben wir Euch aber auch bestärkt, Dinge beizubehalten. Wenn es für den Hund und seine Bedürfnisse das Ideal ist, dann sind wir sehr froh darüber.

Hier wollten wir uns normalerweise noch bei den Bühnenbildnern, den Make-up Artists, den Toningenieuren und den Kostümschneidern bedanken, aber die Verfilmung dieses Werks epischen Ausmaßes steht ja noch aus.

Was macht man also wenn …, wenn man noch eine Lücke füllen muss? Klar, man schaut ins Handy und durchwühlt die Kontakte. Ah, Familie! Ja dann sagen wir mal – voller Liebe – danke an Family & Friends fürs Inputgeben, fürs Mitdenken, fürs – auch mal – Vorlage sein, fürs Dasein und fürs Einfach-gut-Finden, was wir da so aufs Papier gebracht haben. Danke an Uta Burkhardt, die immer wieder meinte:»Klingt gut, passt schon!«

Ein großer Dank gebührt den»In-Gang-Schiebern«, den»Mitmachern«, den»Inspirateuren«und insbesondere dem kompletten KOSMOS-Verlag, inklusive dem versierten Korrektur-, Satz- und Druck-Team und allen weiteren Beteiligten. Was habt Ihr mit uns nur Ausdauer und Geduld (da ist es wieder, das uns unbekannte Wort) bewiesen.

Danke an alle Vierbeiner da draußen, die es mit uns Zweibeinern aushalten – egal, was wir anstellen und uns tagtäglich dazulernen lassen.

Danke Welt, für den wundervollen Spielplatz, den wir nutzen dürfen – wir spielen weiter, was daraus wird, … wir werden sehen.

Nun laufen die Bewerbungen fürs Zeugenschutzprogramm, weil Kreative unter sich einfach keine guten Ratgeber sind. Man darf solche Persönlichkeiten nicht zu lange unbeaufsichtigt spielen lassen. Es verhält sich wie mit kleinen Kindern: Ist es lange still, geh schauen, ob der Keller brennt. Jetzt haben wir den Schlamassel, sitzen auf gepackten Koffern und suchen für den Fall der Fälle nach neuen Decknamen für uns. Wie wär's mit Rosemarie Tulpengrün und Gerlinde Ginster?

Sponsoren und Unterstützer

HAPPY DOG – Interquell GmbH
Südliche Hauptstraße 38
D – 86517 Wehringen
www. happydog.de

TJURE – HeimTierLand 24 GmbH & Co. KG
Tannenhof 1
D – 56130 Bad Ems
www.myheimtierland.com

CLOUD4PETS – cloud4pets GmbH
Am Mühlenberg 6a
D – 54451 Irsch
www.cloud4pets.de

Superpet
Handelsgesellschaft für Tiernahrung und Tierbedarf mbh & Co. KG
Heddingheimer Straße 16
D – 65795 Hattersheim
www.superpet.eu

TASSO e. V.
Otto-Volger-Straße 15
D – 65843 Sulzbach/Ts.
www.tasso.net

Partner Hund
Infanteriestraße 11a
D – 80797 München
www.partner-hund.de

Adaptil Ceva Tiergesundheit GmbH
Kanzlerstraße 4
D – 40472 Düsseldorf
www.ceva.de

TIERdirekt GmbH
Niederscheyerer Straße 77
D – 85276 Pfaffenhofen
www.tierdirekt.de

GOOOD Petfood / Interquell GmbH
Südliche Hauptstraße 38
D – 86517 Wehringen
www.goood-petfood.de

Nützliche Adressen

Verband für das Deutsche Hundewesen (VDH) e. V.
Westfalendamm 174
D – 44141 Dortmund
www.vdh.de

Hunde-Akademie Perdita Lübbe
Hundeerziehung und Verhaltensberatung
Goethestraße 27
D – 64347 Griesheim
www.Hundeakademie.de
info@hundeakademie.de
Hundeschulen-Empfehlungen geben wir gerne telefonisch weiter.
Bitte rufen Sie das Büro der Hunde-Akademie unter 0171 4212969 an
oder senden Sie eine Mail an info@hundeakademie.de

Frauke Burkhardt / Hundetraining
Sperberweg 5
D – 65388 Schlangenbad-Wambach
www.frauke-burkhardt.com
info@frauke-burkhardt.com
Tel.: 0160/94720952

Unterstützenswert

Tierschutzverein Viernheim u. U. e. V.
Alte Mannheimer Straße 4
D – 68519 Viernheim
www.tierheim-viernheim.de

Perditas Projekte
(die Vereine sind über Perdita Lübbe zu erreichen):
Rettet das Nashorn – Tierschutz in Afrika seit 2012
www.facebook.com/RettetdasNashorn/

Start ins – neue – Leben
Resozialisation von Tierheimhunden im Tierheim Viernheim seit 2015
www.startinsneueleben.eu / sowie täglich auf Facebook

Tierhilfeverein Keller-Ranch e. V.
Im Wasserlauf 3
D – 64331 Weiterstadt
kontakt@kellers-ranch.de

Hilke wollte noch »Zum Weiterlesen«. Doch wir empfehlen hier bewusst nichts und niemanden, außer die Bücher von Frau Dr. Dorit Feddersen-Petersen. Leere Seiten sind kostbar, daher sind wir hier einfach egoistisch und vereinnahmen, was uns zusteht, für das, was uns wichtig ist. Auf der Website des KOSMOS-Verlages gibt es lauter tolle und interessante Bücher für jeden Geschmack, sogar Kinderspiele, was uns sehr erfreut – www.kosmos.de

Outtakes

Oder: Wichtiges und Wertvolles, inklusive Wortschöpfungen, die es eigentlich nicht ins Buch geschafft haben. Dann wurde gejammert und geheult und … schwupps, 8 Seiten mehr vom Verlag!

»Der Mensch macht den Hund!« Ein Hund kann sein, wie er will, am Ende liegt es am Menschen, ob er positiv in der Gesellschaft auffällt – alles eine Sache der Erziehung … und als Ergänzung (Dank Raoul Weber): »Der Hund macht den Menschen!«. Auch das ist wahr, denn sie ändern durch ihren Einzug ein stückweit unser Leben – und das ist gut so.

»Verhalten entsteht/entwickelt sich.« Im Laufe des (Zusammen-)Lebens entwickelt sich der Hund immer weiter in eine bestimmte Richtung. Entweder, weil wir Verhalten bewußt oder unbewußt fördern oder einfach laufen lassen, weil wir es gar nicht merken.

»Alles, was ich verbieten kann, kann ich auch erlauben.« Wenn mein Hund gerne mal hochspringt, dann ist das kein Weltuntergang – ich muss es nur, wenn es darauf ankommt, auch wieder verbieten können.

»Zu viel Kontrolle forciert das Lückensuchen.« Wenn ich meinen Hund auf Schritt und Tritt kontrolliere, dann wird er irgendwann eine Lücke finden und diese nutzen, denn es macht keine Freude, ständig unter Beobachtung zu stehen. Wir sollten bei nichtigen Dingen auch mal Fünfe gerade sein lassen.

»Manchmal bekommt man den Ackergaul anstatt des gewünschten Rennpferdes geliefert.« Dann nutze einfach seine Talente und versuche nichts rauszuholen, was nicht drin ist. Gib ihm Aufgaben, die er lösen kann – das dient dem Vertrauensaufbau. Wenn er nur 1,35 cm springen kann, leg die Meßlatte eher auf 1,30 als auf 1,45 cm – damit machst Du ihn – und womöglich auch Dich – stolz. Für ein besseres Miteinander!

»Verdünnerhunde sind Hunde, die bei schwierigen Hundebegegnungen diese »verdünnen« – quasi wie Milch den Kaffee.!

»Wo kein Schnee liegt, kann gelaufen werden!« (Wichtig für alle, die mit Perdita zu tun haben. Sie ergänzt: »Auch WO Schnee liegt, …«)

»Ausdauer im Verfolgen von Zielen, bringt Erfolg.« Das finden viele Hunde, die artig am Frühstückstisch warten, bis endlich die obligatorische Scheibe Kalbsleberwurstbrot gereicht wird.

»Erwartungshaltung drückt!« – Ein Verhalten, eine Leistung vom Hund unbedingt – meist aus egoistischen Gründen – verlangen, erzielt oftmals das Gegenteil. Der Hund will immer mehr »aus der Nummer« raus.

»Gesichtswahrung« – Wir demontieren Hunde weder vor anderen Menschen und noch weniger vor anderen Hunden. Teambesprechungen finden unter Ausschluss der Öffentlichkeit statt und sind stets INTERN!

»Tierschutz kennt keine Grenzen.« – »Was willst Du mit dem Straßenköter?« »Der Hund bekommt das Reh doch eh nicht!« – Alle Tiere haben ein Recht auf Schutz und Fürsorge.

»Würde« – Hunden bunte Klamotten anziehen für debile Likes, sie als Accessoire im Prada Täschchen herumschleppen – so etwas macht etwas mit dem Hund! Wo bleibt unser Anstand bei solchen Aktionen?

»Lob für Gut« – Wenn es gut ist, die Leistung stimmt, dann gibt es Lob! Einfach ein ehrliches Lob! Das haben sie verdient, unsere Hunde – Menschen auch.

»Wasser und Öl« – Ein nebeneinander Herumwabern von Mensch-Mensch, Hund-Hund, Mensch-Hund – es passt einfach nicht.

»Im Stress liegt die Wahrheit« – ganz nach Altkanzler Helmut Schmidt: »In der Krise beweist sich der Charakter!« Reaktionen – bei Hund und Mensch –, die wie aus der Kanone geschossen kommen, unverfälscht, ehrlich und eben nicht kontrolliert, sie zeigen uns, was unter der Bomberjacke steckt oder sich hinter dem Chanel Kostüm verbirgt.

»Der Weg führt durchs Nadelöhr« – Nicht immer gibt es den leichten Weg zum Ziel. Eine Grenze überwinden, um vorwärts zu kommen, sich durchs Nadelöhr zwängen, auch wenn es schwierig wird.

»Chefig« sind Hunde – und Menschen – die sich gerne großrahmig in den Vordergrund stellen und sich äußerst auffällig präsentieren.

»Poser« – Hunde, die mit dem Golf GTI-Schlüssel klimpern, einen auf dicke Hose machen, mit gespannten Hosenträgern rumlaufen und das Fake Lacoste-Hemdchen zur Schau stellen, bis ein Typ mit nem Lamborghini vorfährt und die Rolex rasseln lässt.

»Wo der hintritt, wächst kein Gras mehr.« Hunde – auch Menschen – die beim ersten Auftreten einen Eindruck hinterlassen, souverän und entspannt sind.

»Mr. Testosteron« – Wenn der Flamenco-Tänzer die Kastagnetten herausholt, gockelt und die Pfauenfedern aufstellt. Aus 7 Halswirbeln scheinen 6 zu werden – Frauen lieben das!

»Timberlandkinder« – Die grotzigen Hoffnungsträger dieser Welt, die mit 1,5 Jahren schon das dritte Paar Outdoor-Schuhe für Indoor-People besitzen. Falls sie auf den Boden der Tatsachen plumpsen, sollte es schon hochwertig sein, zumindest das Fußbett.

»Die Pubertierenden« – Die kleinen Möchtegroß, die ihr Moped tunen, sich die Haare rot färben und sich ein erstes, verstecktes Tattoo haben stechen lassen. Sie treffen sich am Büdchen auf ne Ahoibrause und paffen heimlich Kippen hinterm Schuppen.

»Zwischen Baum und Borke« – Der Hund ist nicht sicher, ob er mitmischen oder sich lieber raushalten soll. Er hängt in der Luft, schwebt im Raum, wartet auf den erlösenden Impuls.

»Lalapanzi« – Eines von Perditas Lieblingsworten ohne kynologischen Hintergrund (perditisch eben): Den Hund im Arm halten ohne Erwartungshaltung. Den Hund stützen, ihm Nähe bieten, Energie spenden, ihn fühlen, wenn er gerade kein Gefühl für sich selbst hat – lest es einfach nach auf der Seite »Start ins – neue – Leben!«

»Trolle« – auch Bedenkenträger und Neider genannt – füttert man nicht. Ein konsequentes Aushungern lassen hat sich in der Vergangenheit stets bewährt.

Kein Anschluss unter dieser Nummer!

Wörter, für die wir keine Rezeptoren haben. Wir versuchen es einmal zu definieren:

Konzentration: Sich mit fünf Sachen gleichzeitig beschäftigen, zwei halb gut und drei gar nicht erledigen, dafür aber diverse Alternativen erarbeitet haben!

Geduld: Kryptisch für »Lass liegen, kratzt uns nicht!«, wenn es um Dinge für andere geht. Sekundärbedeutung: »Ich will das gestern!«, wenn es sich um unsere Ziele handelt!

Terminplanung: Trage an einem Tag X im Kalender, vorzugsweise Schmierblatt, eine Uhrzeit für eine Aktion ein. Lege dies unter einen Stapel vieler, für dich existentieller, Dinge und vergiss es umgehend.

Struktur: Ist zu vernachlässigen, da andere Menschen ausreichend Struktur für uns beide haben und uns gerne darauf hinweisen, was wir alles hätten erreichen können, wären wir nur ein wenig wie sie!

Nachdenken: Ein Tuwort, dass man auch dann ausführen kann, wenn man schon mit der Aufgabe fertig ist. Man kann es daNACH tun, es heißt ja nicht VORdenken, oder?

Pünktlichkeit: Ist wie Eier trennen – mal klappts, mal nicht. Bei uns eher weniger.

Stillsitzen: so ähnlich wie nicht stören, wie nicht auffallen. Unmöglich, einfach unmöglich.

Disziplin: Langweilig, dafür fehlt uns jegliche Konzentration!

Nein: Ein NEIN ist auch nur ein JA mit Umwegen

Hingegen sind uns Worte wie Chaos, Spaß, Senf an die Decke, bunt, Blödsinn, verrückt, Wahnsinn sehr wohl vertraut. Deren Aussage lieben und leben wir exzessiv.

Die Autorinnen über sich

Wir stellen fest, dass wir Thema unseres eigenen Buches sind, was uns schmunzeln, aber auch demütig werden lässt. Offensichtlich sind auch wir ein bisschen Frau Schubert, stützen uns mit unserem lila Kissen auf die Fensterbank, trinken manchmal Wein und predigen Wasser. Bei anderen sieht man Fehler so viel besser! Im Übrigen: wer hier einen findet, darf ihn behalten.

Kinder erkennen sich am Gang und so fanden auch wir zueinander: Auf die Frage: »Wie war eigentlich Eure Zusammenarbeit?« antworten wir wie immer kurz und knapp: »Man muss sich das Ganze so vorstellen: Man setzt zwei Fünfjährige an einen Tisch, auf dem eine Schüssel Wackelpudding, zwei Eimer Kleister, ein Karton Eier und vier Päckchen Mehl stehen. Dann sagt man zu

den zwei Lütten: Ich bin gleich wieder da, fasst bitte nichts an!«
So ungefähr war unsere Teamarbeit. Hilke, die weltbeste Unter-
stützerin als Erzieherin und zwei hysterische Schraatzen ohne
Disziplin.

Frauke über Perdita

Arbeiten mit Perdita ist, als würde ich mit mir selbst hoch zwei
arbeiten. Gleiche Denkweise, schlimme humoristische Aussetzer
an der falschen Stelle, null Struktur im Tag und tausend glorreiche
Ideen für jeden Nippes, der einem grad ins Gesicht springt.
Diskussionen über den Satz: »Das ist wie Püree aufbraten!« oder
Verhandlungen über das fünftausendste EBEN in einem Satz,
belebten unser Tun täglich. Langweilig war's nie! Für jedes
gestrichene »eben« von mir im Satzbau gab es dann EBEN einen
Marathonsatz mit zehn Kommas und etlichen Bindestrichen
von Perdita. Leben und leben lassen – Fairness, das
können wir!
Perdita ist so ne Kumpeline, die auf ein: »Gehen wir schaukeln?«
nicht jammert, dass sie noch unfrisiert und im Schlafanzug ist,
sondern nur sagt: »Warte, ich nehm noch schnell ne Tüte Haribo
für uns mit!« Nicht fragen, machen.
Als Kinder hätten wir uns im Sandkasten wahrscheinlich gegenseitig
mit Sand erstickt, aber als Erwachsene sind wir gut zusammen!
Perdita ist wie das X in der Gleichung – man muss viel denken, bis
man es versteht. Am Ende ist dann alles richtig – richtig gut!

Perdita über Frauke

Danke, liebe Frauke, dafür. Dazu sage ich in einem Marathonsatz:
»Dito«. Du bist eine Menge Salz in der Suppe meines Lebens –
und ich mag und brauche Salz! Ohne Dich wäre dieses Leben so
viel weniger verrückt. Schön, dass es Dich gibt! Leider haben wir

eines meiner Lieblingsworte, nämlich »nesteln« nicht unterge-
bracht. Lass uns die Tage zum »An-unseren-Hunden-Rumnesteln«
treffen – ich bringe Haribo mit.

Und was die Vorableser so meinen …

Elmar Biel: Was mir während des Lesens durch den Kopf ging? Es
   ist ein mutiges Buch. Keiner der üblichen Mensch-Hund-
   Erziehungsoptimierer oder -Verhaltenserklärer. Es stellt den Hund,
   sein »persönliches so Sein«, in den Vordergrund und versucht,
   menschliche Handlungsweisen aus Hundesicht zu beleuchten.
   Es lässt, durch den Vergleich vom Hund im Menschen, den Leser
   vor ein ungeschminktes Spiegelbild sitzen, benennt und verdeutlicht auch auf eine sehr humorvolle, amüsante Art Missstände
   und Probleme, die im Umgang mit Hunden zu finden sind. Für
   mich war es spannend, dieses Buch zu lesen, da viele Facetten in
   der Mensch-Hund-Beziehung unter einem verschobenen Blickwinkel betrachtet werden. Ein absolut lesenswertes Buch.

Christian Classen: ich habe es in einem Rutsch gelesen, der Text fes-
   selt. Er legt den Finger in die Wunde und manchmal schmerzt es,
   aber ohne zu verletzen – es entstehen Bilder, die mir zu denken
   geben. Das Buch ist kein Ratgeber, der Techniken und Handgriffe
   vermittelt, der zum Hinschauen und Reinspüren anregt.

Vanessa Haitz: Es gibt Fragen, die möchte man in der Hundewelt
   eigentlich gar nicht stellen, denn es folgen Antworten, denen
   man unter Umständen nicht gewachsen ist. Doch was passiert,
   wenn zwei old iron Ladies der Hundeszene sich zusammentun
   und ihre ganzen Erlebnisse mal Revue passieren lassen? Richtig,
   es werden eben diese Fragen gestellt. Wer so wagemutig ist, in
   dieses Buch einzusteigen, der wird mitgezogen in eine Achter-
   bahnfahrt der Extraklasse, durch alle Sparten der Hundewelt.

Das Tempo wechselt zwischen der rasanten Talfahrt und dem langsamen »Nach-oben-ziehen-Lassen«, immer in dem Wissen, dass die nächste Schussfahrt direkt hinter der Kuppe lauert. Kopfkino und Gedankenkarussell inklusive. Die absolute Leseempfehlung für alle Menschen mit Hund/en und nicht weniger für deren Umfeld, denn danach ist nichts mehr so wie es war.

Silke Giesing: Die beiden Autorinnen haben den kleinen und großen Hunde»Wahnsinn« in diesem Buch humorvoll zusammengepackt. Man erwischt sich auch selbst an der ein oder anderen Stelle und weiß, dass man damit nicht alleine ist. Das Buch kann man schwer aus der Hand legen, da man einfach mehr, mehr, mehr davon will. Humorvoll auf den Punkt gebracht!

Diese Menschen wurden nicht gezwungen – sie sind alles Kritiker und keine Lemminge!

Die Geschichte vom Seestern

Ein alter Mann ging am Morgen nach einem schweren Sturm am Strand spazieren. In der Ferne sah er jemanden über den Strand tanzen. Als er näher kam, erkannte er ein junges Mädchen, das aber nicht tanzte, sondern Seestern für Seestern behutsam ins Meer zurückbrachte. Er fragte sie: »Weshalb bringst Du die Seesterne zurück ins Meer?« Und sie antwortete: »Die Sonne brennt, das Wasser geht zurück und wenn ich sie nicht zurückbringe, dann werden sie sterben.« »Aber, junge Frau, bemerkst Du nicht, dass das hier ein kilometerlanger Strand voll mit Seesternen ist? Es macht keinen Unterschied, ob Du sie zurückbringst oder nicht.« Da nahm das Mädchen den nächsten auf, brachte ihn zurück ins Meer und sagte: »Für diesen einen macht es einen Unterschied.« (diverse Verfasser)

Das ist unser Motto!

Bildnachweis

Mit 10 Illustrationen von Fred Fuchs (www.fredfuchs.de).
Fotos Klappe hinten: Ralf Scheuermann (oben), Frauke Burkhardt (unten).

Impressum

Umschlaggestaltung von GRAMISCI Editorialdesign/München unter Verwendung
von zwei Illustrationen von Fred Fuchs.

Mit 12 Illustrationen und zwei Fotos.

Unser gesamtes Programm finden Sie unter **kosmos.de**.
Über Neuigkeiten informieren Sie regelmäßig unsere
Newsletter, einfach anmelden unter **kosmos.de/newsletter**

MIX
Papier aus verantwor-
tungsvollen Quellen
FSC® C014889

Gedruckt auf chlorfrei gebleichtem Papier

© 2020, Franckh-Kosmos Verlags-GmbH & Co. KG, Stuttgart.
Alle Rechte vorbehalten
ISBN 978-3-440-17010-6
Redaktion: Hilke Heinemann
Gestaltungskonzept: Populärgrafik Stuttgart
Gestaltung und Satz: DOPPELPUNKT, Stuttgart
Produktion: Nina Renz
Druck und Bindung: Friedrich Pustet GmbH & Co KG, Regensburg
Printed in Germany / Imprimé en Allemagne